내일은
못 먹을지도 몰라

내일은 못 먹을지도 몰라

초판 1쇄 발행 2021년 5월 2일 | 초판 3쇄 발행 2021년 12월 20일

지은이 시어도어 C. 듀머스 | 옮긴이 정미진 | 펴낸이 임경훈 | 편집 손소전
펴낸곳 롤러코스터 | 출판등록 제2019-000296호
주소 서울시 마포구 월드컵북로 400 서울산업진흥원 5층 2호
전화 070-7768-6066 | 팩스 02-6499-6067 | 이메일 book@rcoaster.com
ISBN 979-11-91311-04-4 03450

롤러코스터
Rollercoaster
Press

기후변화로 위기에 빠진 13가지 먹거리

내일은 못 먹을지도 몰라

시어도어 C. 듀머스 지음 | 정미진 옮김

“

당신이 먹는 음식 그 너머를 생각하게 하는 재미있는 경고문이자 소개글. 사람들에게 사랑받는 몇 가지 먹거리의 기원과 이러한 먹거리에 영향을 미치는 기후변화에 대처할 방법을 함께 알아보자. 여기 나온 문제들은 정말로 생각해봐야 할 문제들이다.

토머스 러브조이 Thomas Lovejoy
'생물 다양성의 대부'로 불리는 아마존 생물 다양성 센터장,
UN재단 선임연구원, 조지메이슨대학 환경과학 및 정책학과 교수

와! 사과가 7500종이나 되고, 고고학자들이 동굴에서 체리 씨 화석을 발견했으며, '네슬레'라는 초콜릿 제조업자가 실제로 있었다니! 누가 알았겠는가. 사과, 체리, 초콜릿, 그리고 더 많은 먹거리가 기후변화로 멸종 위기에 처해 있다는 사실을.
역사상 유일한 책이 아닐까 생각되는 《내일은 못 먹을지도 몰라》는 멸종 위기에 처한 먹거리를 소개하는 책으로, 대단히 흥미롭고 누구나 이해하기 쉽다. 듀머스 교수는 의외로 중요한 것들이 가져올 수 있는 뜻밖의 결과를 연구하는 뛰어난 과학자이자 교육자이다.

로버트 새폴스키 Robert Sapolsky
《스트레스: 당신을 병들게 하는 스트레스의 모든 것》,
《행동하다, 최고일 때와 최악일 때 인간의 생태
Behave: The Biology of Humans at Our Best and Worst》의 저자

이 책은 기후변화 문제를 일상으로 가져와 독자들에게 반향을 일으킨다. 그는 모든 사람에게 익숙하고 사랑받는 먹거리를 소개함으로써 이들 먹거리의 역사와 문화적 중요성을 알리는 동시에, 기후변화로 인한 위기 상황도 함께 보여준다.
북극곰을 무시하는 것은 아니지만, 이 책은 기후변화가 의미하는 것을 우리 모두가 이해하는 먹거리라는 수단을 이용해 인간 맞춤형으로 설명한 책이다. 그것도 아무 음식이 아닌 와인부터 초콜릿, 아보카도에 이르기까지 자연이 제공하는 최고의 먹거리다. 듀머스 박사는 이들 먹거리의 배경과 문화, 더 중요하게는 기후변화가 먹거리에 어떤 영향을 줄 것인가에 대한 통찰을 제공한다.

루이스 지스카 Lewis Ziska
미국 농무부 수석연구원,
컬럼비아대학 메일맨Mailman 보건대학원 부교수

우리의 가장 소중한 자원에 취해야 하는 중요하고도 맛있는 조치. 이 책은 인류에게 경종을 울리며, 인류가 미래에도 지금처럼 먹거리를 즐길 수 있는 확실한 길을 안내한다.

조시 티켈 Josh Tickell
《대지에 입맞춤을Kiss the Ground》의 저자,
환경 다큐멘터리 영화 〈퓨얼fuel〉 감독

가족과 친척들에게 이 책을 바칩니다. 고마워요!

그리스에서 이곳 미국으로 이주해 온 할아버지와 할머니께 이 책을 바칩니다. 그리스에 안 좋은 감정이 있는 것은 아닙니다. 그곳은 여행하기 정말 좋은 곳입니다. 하지만 조부모님이 자주 말씀하셨듯이 '황금빛 기회의 땅'인 미국은 아니지요. 조부모님 중 누구도 고등교육을 받진 않았지만, 그들은 견디고 번성할 수 있는 인격과 직업 윤리를 지니셨습니다.

저를 사랑해주시고, 잘 길러주시고, 밖에 나가 신나게 놀라고 집 앞에 발야구장을 그려주시고, 대학 등록금 대부분을 내주신 부모님께 이 책을 바칩니다. 아마도 제게 가장 중요한 것은 어머니가 가르쳐준 인내력과 아버지가 가르쳐준 애정일 것입니다. 이 두 가지 모두 책을 쓰는 데 많은 영향을 주었습니다.

어린 시절, 제게 또 다른 엄마 역할을 해주었던 세 누나에게 이 책을 바칩니다. 50대 남성으로 지금까지 제가 정신적으로나 육체적으로 건강할 수 있었던 것은 어렸을 적 받은 보살핌 덕분입니다.

책을 쓰는 데 가장 중요한 영감을 준 아내 누, 그리고 딸 시애나와 이슬라에게 이 책을 바칩니다. 누를 만나기 전까지 저는 제가 먹는 것이 무엇인지도 모르고 지냈습니다. 우리 부부는 딸들이 어른이 되어서도 지금 먹는 음식을 즐길 수 있기를 바랍니다. 아내는 수십 년간 과학적 연구와 로큰롤 음악, 축구에 빠져 살던 저를 다양하고 놀라운 시각으로 두 번째 인생을 살 수 있게 해주었습니다.

이 책이 먹거리를 바라보는 우리 모두의 방식에 영향을 미칠 수 있기를 바랍니다.

차례

기후변화는 분명 우리 인류가 향후 수십 년 이내에 마주할 가장 큰 도전이 될 것이다. 꽤 오랫동안 기후학자들은 지구 온도가 단 몇 도만 올라가도 일어날 혼란에 대해 경고해왔다. 하지만 뉴스 보도, 인터넷 기사, 블로그는 모두 날씨 자체, 그러니까 더 심각해지고 더 빈번히 발생하는 화재와 가뭄, 홍수, 폭풍에만 초점을 맞추고 있다. 재난 지역과 날씨 변화에 직접 (혹은 심하게) 영향을 받지 않는 지역의 생활환경이 어떻게 될 것인지에 대해서는 고려하지 않는 것 같다.

삶을 가장 기본적인 일과로 쪼갰을 때 우리는 먹고, 마시고, 자고, 그러지 않으면 다른 일을 한다. 이 책은 우리가 일상에서 먹고 마시는 부분에 초점을 맞추었다. 우리가 먹는 음식과 마시는 음료는 지구의 기후가 변하면 어떻게 달라질까? 먹거리 감소는 앞으로 일어날지도 모르는 일이 아니다. 지금 이 순간에도 자연식품의 가격은 오르고 있다. 과학적 증거에 따르면, 이미 먹거리가 줄고 있으며 앞으로 상황은 더욱 안 좋아질 것이라고 한다.

이 책은 멸종 위기에 처한 13가지 먹거리에 관한 정보를 담았다. 동물보다 식물에 관한 내용이 더 많긴 하지만 한 장章을 온전히 물고기에 관한 내용으로 채우는가 하면, 수분을 돕는 벌(특히 꿀벌)에 관한 내용도 다루었으며, 기타 곤충들과 지금은 사라진 거대 포유류도 일부 언급하고, 인간 행동에 관해서도 논했다. 또한 마지막 장에 이어 책 뒷부분에는 멸종 위기의 먹거리에 함유된 건강한 영양소와 미네랄, 피토케미컬에 관한 내용을 담았다.

역사적 · 과학적 정보는 펍메드pubmed.gov(미국 국립의학도서관 논문 및 자료 검색 제공 사이트), 정부 기관(미국 국립해양대기청, 농무부, 식품의약국 등), 위키피디아, 브리태니커 백과사전, 국내 및 지역 뉴스를 비롯한 다양한 출처를 통해 수집했다. 책 뒷부분에 열거된 영양소와 미네랄, 피토케미컬에 관한 정보는 모두 라이너스폴링연구소Linus Pauling Institute의 미량영양소정보센터Micronutrient Information Center에서 받았다. 위키피디아 사용자로서 나는 이 사이트가 계속 운영될 수 있도록 매년 몇 달러씩 기부하고 있다.

나는 요리사나 요리 비평가, 영양사가 아니며 식품학자도 아니다. 그저 기후변화에 대한 집착이 좀 유별난 남편이자 아버지일 뿐이다. 또 뇌가 동물의 행동을 어떻게 통제하는지 연구하는 수많은 잡지와 기사에 자유롭게 접근할 수 있는 생명과학 분야의 대학교수이기도 하다.

지구온난화에 관심을 갖게 된 것은 결혼 전부터였지만, 그때는 아이가 있는 지금만큼 큰 관심을 두지 않았다. 나는 이러한 관심을 '기후변화에 대한 집착'이라 부르는데, 그렇다고 병적인 것은 아니다. 흔히 기후변화에 병적으로 집착할 때, 혹은 지구 종말 블록버스터 영화를 만들 때 상상할 수 있는 그런 지구 파괴적인 시나리오를 생각하는 것은 아니다. 내가 집착이라 하는 이유는 기후변화에 대한 관심이 이 책을 쓰게 만들었기 때문이다. 나는 이 일이 무척 중요하다고 느꼈다. 먹고 마시는 것은 중요한 일이고 사람들도 이를 알고 싶어 할 것이므로 나는 이 주제가 책으로서 가치가 있다고 생각했다.

우리 모두는 이 책에 나온 먹거리 중 적어도 몇 가지는 먹고 살아간다(모두 먹는 사람도 있을 것이다). 이는 현대 사회의 어떤 특이한 인구학적 문제가 아닌 우리 모두의 문제다.

기후변화의 생존자들이여, 이제는 생각하고 행동할 때다.

1장

위험에 빠진 오늘의 먹거리 속으로

Food

이토록 풍성한 먹거리라니!

인류 역사상 이제껏 지구에는 규모 면에서나 다양성 면에서 이처럼 많은 먹거리가 존재한 적이 없다. 산업화된 국가라면 그곳이 어디든 식료품점이나 슈퍼마켓에서 거의 매일 24시간 다양한 먹거리를 만날 수 있다.

그곳에는 수십 종의 과일과 채소, 견과류, 곡물, 통밀, 호밀, 호밀빵, 발효된 빵, 발효되지 않은 빵, 빵가루, 단단한 치즈, 부드러운 치즈, 크림, 붉은 고기, 흰 고기, 다양한 가금류, 소시지, 생선, 해산물 등이 있다. 슈퍼마켓에서는 온갖 소스, 시럽, 청량음료, 주스, 사탕, 쿠키, 크래커, 캔에 든 것, 병에 든 것, 봉지에 든 것, 냉동식품 등 수많은 제품을 판다. 오늘날 일부 슈퍼마켓은 1990년에 팔았던 것보다 4만 개나 더 많은 제품을 팔기도 한다.

미국에는 대략 3만8000개의 식료품점이 있고, 매년 약 6600억 달러의 매출을 올리며 소매 식품 산업을 형성해왔다. 미국의 전체 식품 매출은 매년 약 1조4000억 달러로, 전체 미국 경제의 약 5%에 달한다(미국 노동통계국Food Marketing Institute, 식품마케팅연구소US Bureau of Labor Statistics).

우리가 먹는 음식 중 일부는 우리와 거의 1만 년 동안이나 함께해온 것들이다! 전체적으로 봤을 때, 인류가 출현한 지는 겨우 20만 년에 불과한 데 반해 식물은 거의 7억 년 동안이나 이 세상에 존재해왔다. 그럼 계산을 해보자. 우리의 먹거리는 정점에 달한 이래로 이미 줄어들기 시작했다. 50년 안에 혹은 그 이전에 이 맛있는 음식들은 우리가 아이들에게 설명하는 다이얼식 전화기나 듀이 십진분류법처럼 과거의 것이 되고 말 것이다.

다이얼에 번호가 매겨진 커다란 전화기는 1번 다이얼을 돌릴 때보다 9번을 돌릴 때 아홉 배 더 많은 시간이 걸렸고, 도서관에서 책을 분류하던 옛 시스템은 더 좋은 버전으로 대체되었다. 하지만 먹거리의 경우는 그렇지 않다. 앞으로 없어질 먹거리들은 더 좋은 버전으로 대체되기 어렵다. 이 귀한 먹거리를 잃는 일은 없어야 한다. 지금처럼 앞으로도 아침에 일어나 따뜻한 커피 한잔을 마시고 다크 초콜릿 몇 조각으로 하루를 마무리할 수 있도록 이제라도 작은 일들을 실천해보자.

시중에는 식량 생산과 공장식 농업이 환경에 어떤 영향을 미치고 지구온난화를 일으키는지 설명하는 좋은 책들이 많이 있다(아만다 리틀Amanda Little의 《인류를 식량 위기에서 구할 음식의 모험가들The Fate of Food》, 조시 티켈Josh Tickell의 《대지에 입맞춤을Kiss the Ground》, 마크 하이만Mark Hyman의 《먹거리 해결Food Fix》). 한편 이 책은 방금 언급한 책들과는 정반대되는 관점으로 지구온난화가 매일 또는 매주 우리가 먹는 음식에 어떤 영향을 끼치는지에 초점을 맞춘다. 한마디로 이 책은 스스로 말할 수 없는 멸종 위기의 먹거리들에 관한 이야기 모음집이다. 학대받고 위협받는 가축과 야생동물을 대변하는 미국동물학대방지협회American Society for the Prevention of Cruelty to Animals, ASPCA와 세계야생생물기금World Wildlife Fund, WWF 같은 단체가 있는 것처럼, 미래의 아이들을 위해 이 책과 더불어 미국식물학대방지협회, 더 나아가 미국식품학대방지협회도 생겨나야 할지 모른다.

기후변화와 농업에 관해 간단히 언급한 2장에 이어, 이후 각 장마다 해당 먹거리의 야생적 기원과 상징적·사회적인 중요성부터 영양가 및 최초에 길들인 방법, 사라질 위험에 처한 이유에 이르기까지 멸종 위기의 먹거리에 관한 설명을 담았다. 그리고 마지막 장에서는 먹거리의 황금기를 유지하는 데 도움이 되는 제안들, 다시 말해 우리 아이들과 손주들이 자라서도 사과와 바나나가 온전히 들어 있는 과일 샐러드와 과카몰리(아보카도 샐러드)를 곁들인 멕시코식 식사, 그리고 스포츠 경기를 맥주와 땅콩과 함께 즐길 수 있도록 우리가 매일 또는 매주 할 수 있는 작은 실천들을 제시해놓았다.

2장

기후변화가 농업에 미치는 영향

Agriculture

지구온난화는 주로 우리가 태우는 화석연료 때문에 진행된다. 화석연료를 태우는 과정에서 생기는 이산화탄소CO_2와 그 밖의 오염 물질들은 태양에서 내뿜는 적외선을 흡수한다. 즉, 화석연료를 태우면 태울수록 대기 중에 있는 이산화탄소의 양이 증가하고, 이산화탄소가 많아지면 태양에서 오는 열도 더 많이 보존된다. 이렇게 보존되는 열은 방출되지 않고 온실 속에 갇히는 열과 비슷하다고 해서 이산화탄소를 '온실가스'라고도 부른다. 사실 지구는 과거에도 온난기를 몇 번 겪은 적이 있지만 지금과 같은 빠른 속도는 아니었다.

이산화탄소가 증가하는 것을 어떻게 알 수 있을까?

약 50년 전, 미국 국립해양대기청National Oceanographic and Atmospheric Administration, NOAA은 지구시스템연구소Earth

System Research Laboratory, ESRL에 국제관측부Global Monitoring Division를 설립했는데, 이 기관은 지금까지 전 세계 대기 관측소를 잇는 역할을 하고 있다. 비유하자면 이러한 관측 시스템계의 대모 격인 하와이 마우나로아의 기준관측소Baseline Atmospheric observatory는 1950년대에 설립된 이래로 이산화탄소 수치를 비롯한 대기 관련 자료를 끊임없이 수집 중이다.

마우나로아는 지리적으로 외진 곳에 있어 공기가 외부의 영향을 받지 않고, 인간의 활동이 이루어지는 곳과 떨어져 있다는 점에서 이산화탄소 측정에 완벽한 장소다. 이 기준관측소에서 측정된 결과에 따르면, 현재 기체 상태의 이산화탄소 농도는 400ppm을 넘어섰다(400ppm은 대기를 구성하는 100만 개의 공기 분자 중 이산화탄소 분자가 400개임을 뜻한다). 이는 지난 450만 년 동안 측정된 적이 없는 수치인 데다 지금도 빠르게 상승 중이다. 대다수의 기후학자(97% 이상)는 이에 대한 책임이 우리 인류에게 있다고 입을 모은다(기후변화에 관한 정부간 협의체Intergovernment Panel on Climate Change, IPCC).

우리가 이러한 상황을 자초한 것은 사실이다. 하지만 우리는 되돌릴 수 있다.

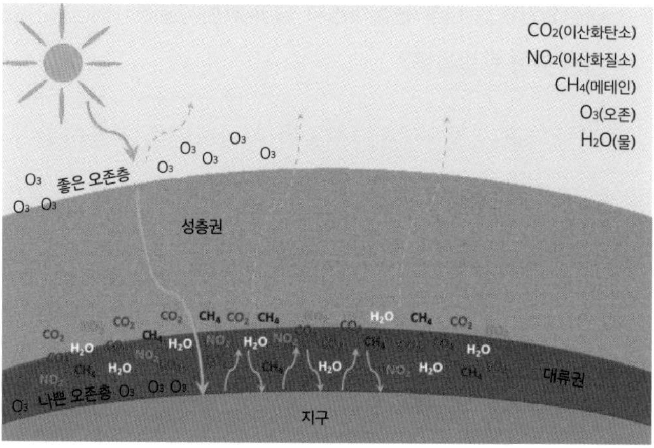

위 그림은 이산화탄소CO_2, 이산화질소NO_2, 메테인CH_4, 물H_2O로 인해 생기는 온실효과를 보여준다. 태양에너지가 대기권(그림 속의 성층권과 대류권)을 통과해 지구에 도달하면 그중 일부가 다시 외계로 반사되는데, 온실가스는 이 반사되는 일부 에너지가 다시 외계로 방출되는 것을 막고 지표면 근처에 열을 가둔다. 성층권의 좋은 오존(오존은 온실가스로 간주되지 않는다)은 태양에너지를 다시 외계로 보내 지구가 서늘함을 유지하는 데 도움을 준다. 반면 대류권에 있는 나쁜 오존은 동식물에 치명적이다.

이산화탄소와 다른 온실가스가 증가하면 식물은 어떤 영향을 받을까?

고등학교 생물 시간에 '식물은 이산화탄소를 흡수한다'고 배운 사실을 기억하는가? 지구온난화와 대기 중에 증가된 이산화탄소는 어느 정도 식물에 이로운 게 사실이다. 식물은 따뜻한 햇볕이 내리쬐는 날 이산화탄소를 흡수하고, 그 과정에서 우리가 들이마시는 산소를 만든다. 따라서 공기 중에 이산화탄소가 많아지면 식물의 상태도 더 좋아진다. 실제로 지난 50년간 바나나 생산량은 기후변화로 인해 꾸준히 증가했다.

식물은 주위의 이산화탄소 농도가 높을수록 더 빨리 자란다. 그래서 일부 사람들은 실내 식물이 더 잘 자라도록 이산화탄소를 따로 주입해주기도 한다. 하지만 과도한 이산화탄소는 지구 온도를 위험 수준으로 올리는 요인에 지나지 않는다. 많은 산업 시설에서 배출되는 이산화질소도 석탄과 석유, 가스, 경유가 고온에서 연소되면서 나오는 주요 온실가스에 해당된다. 유기물이나 천연가스가 썩거나 타면서 나오는 메테인 또한 강력한 온실가스다. 이 가운데 어떤 화학물질도 식물을 직접 죽이진 않지만, 이들은 모두 지구의 온도를 높여 식물의 생존을 위협하는 결과를 초래한다.

우리가 먹는 여린 식물들은 오랫동안 위험에 처해왔지만, 지금까지 그 위협은 대부분 감당할 만한 수준이었다. 그러나 지구온난화가 계속된다면 우리는 이러한 상황을 더는 감당해내지 못할 것이다. 지구온난화는 해수면 상승이나 점점 더 커지는 폭풍, 날로 심각해지는 개발도상국의 식량 부족보다 더 큰 문제임에도, 사람들은 이 문제를 그다지 심각하게 생각하지 않는 것 같다.

지구가 따뜻해지면 식물의 생장기가 길어지고, 그로 인해 식물에도 이로울 것이라는 생각은 꽤 그럴듯해 보인다. 하지만 지구온난화로 인해 증가된 이산화탄소 흡수와, 그에 따라 더 길어진 생장기가 반드시 양립하는 것은 아니다. 오늘날 살아 있는 모든 식물은 비교적 서늘한 환경에서 진화해왔다. 평균온도와 일조시간이 있고, 빛의 강도와 파장이 수백만 년 동안 평범한 하루하루와 계절에 걸쳐 조화롭게 변화하는 환경에서 말이다. 식물은 이러한 균형 잡힌 환경 변화에 곧장 대응해 복잡한 유전 조절계를 발달시켰다.

다윈과 적자생존의 법칙을 생각해보라. 하루하루와 계

절의 리듬에 맞춰 적정 시기에 적절한 유전자를 발현한 식물들은 자신들에게 적합한 유전자를 복제해 후손에게 물려줄 가능성이 크다. 그리고 이러한 식물들이 오늘날까지 살아남았다. 이들은 유전자가 변화하는 환경에 잘 적응했기 때문에 번성할 수 있었다.

환경이 주도하는 유전자 발현의 변화는 상대적으로 빠른 기간 내에 일어날 수 있고(매트 리들리Matt Ridley의 《본성과 양육Nature via Nurture》에 잘 설명되어 있다), 일부 운 좋은 동식물에게는 득이 될 수도 있다. 하지만 일반적으로 게놈은 지구온난화만큼 빨리 진화하지 못하며, 지구 온도의 상승은 기후대를 매우 빠르게 변화시키고 있다(미국 국립해양대기청NOAA의 존 다니엘John Daniel, 매사추세츠공과대학MIT의 수잔 솔로몬Susan Solomon). 그 결과 식물 대다수가 기후의 급격한 변화에 적응하지 못할 수도 있다. 멸종 위기에 처한 식물 중 일부는 지금도 수천 세대에 걸쳐 전 세계 인류에게 사랑받아온 음식과 음료를 만들어내고 있지만, 우리 세대는 머지않아 그들의 멸종을 목격할 가능성이 매우 크다.

먹거리를 사라지게 하는
환경 변화에는 어떤 것이 있을까?

먹거리 멸종의 주요 원인에는 너무 높은 온도, 담수 부족, 대기오염, 기상이변, 포식자와 질병에 대한 취약성 증가 등이 있다. 어떤 식물은 온도에 매우 민감하고, 또 어떤 식물은 생장기와 열매 맺는 시기에 특정한 온도와 습도를 필요로 한다. 사과, 체리, 복숭아, 배, 포도가 이 범주에 속하며, 이 중 일부는 봄에 제때 꽃을 피우려면 매해 겨울에 0~15도 사이의 온도가 300~900시간 동안 유지되어야 한다. 또한 열매를 맺기 위해 비교적 많은 양의 물을 필요로 하는 식물도 있다. 이러한 기후변화의 피해자에는 아보카도, 병아리콩, 카카오가 포함되는데, 이 식물들은 땅 위는 뜨겁고 땅 밑은 6~9개월 동안 계속해서 수분을 유지해주어야 한다.

한편 대기 중의 이산화탄소 증가는 식물 성장에 도움이 될 수 있지만, 그 밖의 오염 물질의 축적은 식물 건강에 악영향을 끼칠 것이다. 식물은 수천 개의 콧구멍에 해당하는 기공을 통해 지상의 오존을 빨아들이는데, 그렇게 되면 이들은 여지없이 녹병에 걸리거나 산화될 수밖에 없다. 즉, 산소가 철에서 전자를 떼어내 녹을 형성하고(산화 제2철) 철을 부식시키듯, 오존은 식물에서 전자의 생물학적 분자들과 중요한 생물물리학적 속성을 제거해 세포를 죽게 만들 것이다.

앞에서 말했듯, 이러한 상황이 계속된다면 지상의 오존 농도는 향후 수십 년에 걸쳐 계속해서 높아질 것이다. 여기에는 메테인 역시 중요한 역할을 한다. 화석연료(천연가스)의 연소, 음식물 쓰레기의 부패, 녹아내리는 영구 동토층, 고기를 얻기 위해 엄청난 소 떼를 유지하고 관리하는 일들은 전 세계 메테인 수치 상승의 주요 원인이 된다. 메테인은 이산화탄소보다 최소 20배 이상 더 많은 열을 가둘 수 있다. 열대우림과 정글이 계속해서 메말라가거나 타들어가고, 북극의 영구 동토층이 녹아내린다면, 더 많은 메테인과 이산화탄소가 배출되어(흡수되거나 저장되기보다는) 안 그래도 악화된 상황이 더욱 나빠질 것이다. 우리는 이 점을 명심해야 한다.

농업에 관해 이야기하자면 세균과 곤충에 관한 내용을 빼놓을 수 없다. 지구 온도가 올라가면 곤충이 살 수 있는 지역이 더욱더 넓어진다. 곤충이 빠른 속도로 번식하면 한때 열대나 아열대기후에서만 서식하던 이들은 점차 적도의 북쪽과 남쪽으로 이동해, 우리가 생존을 위해 의존하는 옥수수와 밀밭, 채소밭, 과수원 등 보다 온난한 기후의 지역에 군집을 형성할 것이다.

'피해'를 입는 식물들은 전에 이러한 경험을 해본 적이 없기 때문에 이런 생물에 대한 면역력이나 방어력이 약할 수밖에 없다. 박테리아와 바이러스, 벌레가 더 많이 또는 새롭게 생겨나면 더 많은 살충제를 사용해야 하는데, 이는 균형 잡힌 생태계에 꼭 필요한 수분을 돕는 벌과 다른 곤충들에게 막대한 피해가 될 것이다(12장과 16장에서 좀 더 자세히 살펴볼 것이다). 사실상 특정 식물의 경우, 포식자와 혹독한 날씨에 대비한 어느 정도의 육체적·화학적 보호책도 없다면 야외에서 자라는 것이 불가능할지도 모른다.

우리는 이미 유전자가 조작된 식물의 강제적 섭취, 인간에게 질병을 일으키는 제초제 사용, 소규모 농가를 망하게 하는 잘못된 제도 위에 만들어진 미국 농업이라는 무서운 틀 속에 관여하고 있는 관계자들이다. 분명히 말하지만 작물이 화학 제초제나 살충제를 견딜 수 있도록 유전자 조작을 하는 것은 답이 아니다. 그보다는 기후변화에 잘 대처하고 질병을 견딜 수 있도록 유전자 조작을 하는 것이 더 현명하다. 변종 작물을 비롯한 유전자조작생물GMO은 수십 년 전에 개발되었다. 기후변화로 인한 식량 문제의 심각성을 고려해 이제 농업은 유전학자들에게 훨씬 더 큰 범위의 도움을 청하고 있다.

자, 먹거리 멸종의 주된 원인에 관한 우울한 이야기는 이 정도면 됐다. 이후의 장들에서는 입이 있었으면 분명 도와달라고 비명을 질렀을 다양한 먹거리(정확히 말하면 13가지 먹거리)에 대해 집중적으로 다뤄보고자 한다. 여기 나열된 먹거리들은 각기 다른 형태로 앞으로 사라지게 될 것이다. 나는 이 먹거리들을 알파벳순으로 설명했다. 왜냐하면 이 먹거리들에는 특별한 규칙이 있는 게 아니고 여기에는 내 주관도 포함되어 있지 않기 때문이다(알파벳순이라는 선택만 제외하고).

3장

사과에게 닥친 춥지 않은 미래

Apple

'사과apple'라는 단어는 17세기까지 베리류를 제외한 거의 모든 과일을 일컫는 용어였다. 토마토는 유럽에 처음 소개되었을 때 '사랑의 사과'로 불리고, 오이와 감자는 '땅에서 나는 사과'로, 오렌지는 '황금 사과' 혹은 '중국 사과'로 불렸다.

사과는 우리가 먹기 시작한 이래 쭉 사랑과 다산, 풍요의 상징으로 여겨왔다. 그리스 신 디오니소스는 아프로디테의 사랑을 얻기 위해 사과를 바쳤다. 로마에서 아프로디테는 비너스로 불리는데, 비너스는 그림 속에서 사과를 든 모습으로 자주 묘사되었다. 사과는 성경 해석에 따라 에덴동산의 금지된 과일이라는 이유로 지식과 불멸, 유혹의 상징으로도 여겨졌다.

만약 여러분이 학교 선생님에게 깊은 인상을 남기고 싶다면, 사과를 하나 가져다드리면 된다. 또 우리는 배우자와

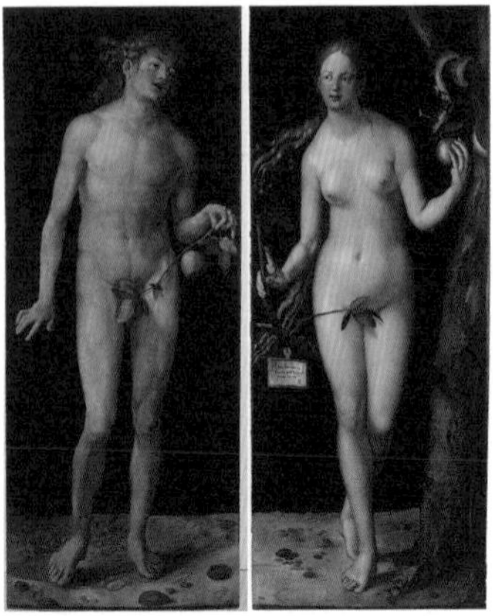

성경 속 에덴동산의 금지된 과일 '사과'를 묘사한 알브레히트 뒤러의 〈아담과 이브〉(1507)

아이들에게 그들이 특별하다고 느끼게 해주고 싶을 때 '눈에 넣어도 아프지 않을 사과 같은 ○○'라고 표현하면 된다.

사과는 대부분의 과일 샐러드에 빠지지 않고, 차거나 뜨거운 사과주로 즐겨 마셔도 좋으며, 다른 생과일과 마찬가지로 자신만의 확고한 위치를 가지고 있다.

사과를 하루에 한 개씩 먹으면 정말로 의사와 멀어질 수 있을까?

사과는 섬유질, 비타민 C, 기타 항산화 물질, 프리바이오틱스(프락토올리고당, 장 안에 있는 좋은 박테리아의 먹잇감이 되는 과실 기반의 탄수화물), 단당이 풍부하지만, 혈당지수GI는 30~40의 수준으로 낮다(혈당지수는 음식물이 혈당치를 얼마나 올릴 수 있는지를 말한다).

GI는 1981년 토론토대학의 토마스 월리버Thomas Wolever 교수와 데이비드 젠킨스David Jenkins 교수가 '성년개시 당뇨병adult-onset diabetes' 또는 '제2형 당뇨병' 환자들에게 보다 적합한 음식을 연구하는 과정에서 개발되었다(인슐린에 대한 불감증은 초기 단계에서 '인슐린 저항성'이라고도 불린다). GI가 높을수록 혈당은 더 빠르고 크게 오른다.

우리는 임의로 포도당의 혈당지수를 가장 높은 수치인 100으로 정했다. 다른 모든 음식의 혈당지수는 이 포도당을 기준으로 매겨진다. GI가 70 이상인 음식은 혈당을 빠르게 큰 폭으로 오르게 한다. GI가 높은 음식은 전신 산화 스트레스를 촉진하고(조기 노화를 떠올려보라), 살을 찌워 건강을 해롭게 하며, 성년개시당뇨병으로 발전할 확률을 높이기 때문에 몸에 좋지 않다. 따라서 GI가 높은 음식의 일부를 사과로 대체하는 것은 의사와 멀어지게 하는 데 도움이 된다.

사과는 몇 살일까?

오늘날 우리가 즐겨 먹는 달콤하고 육즙이 가득한 사과는 어렸을 때 누구나 한 번쯤 먹어보았을 뒷마당이나 동네 공원에 방치되어 있던 쓴맛 나는 야생 사과에서 비롯된 것이다. 중앙아시아 야생 사과의 일종인 말루스 시에베르시Malus sieversii는 오늘날 재배되는 사과인 말루스 도메스티카Malus domestica의 게놈을 있게 한 최초의 주요 인자로, 그 역사는 약 4000년 전 남부 카자흐스탄의 텐산산맥으로 거슬러 올라간다. 하지만 유전자가 양방향으로 이동함에 따라 지금 전 세계에 흔하게 재배되는 사과는 유럽산 야생 사과인 말루스 실베스트리스Malus sylvestris와 좀 더 밀접한 관련이 있게 되었다.

현재 7500개가 넘는 사과 품종(재배 품종)은 생과일로 먹거나 요리에 쓰이거나 음료나 사과 소스를 만들기 위해 재배되고 있다. 약 9000만 톤의 사과가 2017년에 생산되었고(주로 중국에서), 미국인들은 바나나를 제외하면 생과일로 사과를 가장 많이 즐겨 먹는다(2019년 미국 농무부에 따르면, 1인당 연간 사과 섭취량은 4.5kg, 1인당 연간 바나나 섭취량은 5.4kg이다).

사과가 멸종 위기에 처한 이유는 무엇일까?

일본 연구원들은 지난 40년간 나가노와 아오모리 지역의 시험 과수원에서 강우량, 개화기, 수확 시기, 기타 환경 변수를 조사해왔다. 지구온난화의 영향을 이미 관측하고 있었던 것이다. 현재 이 일본 사과나무들은 생장 속도가 40년 전보다 일주일 이상 더 빨라졌다. 이들은 전보다 이른 철에 열매를 맺는데, 열매는 전보다 더 부드럽고 달콤하다. 이것은 마치 좋은 현상처럼 들리지만, 지구 온도가 계속해서 상승한다면 그 영향은 달라질 것이다.

사과가 휴면기를 끝내고 싹을 틔워 꽃을 피우기 위해서는 겨울 추위가 필요하다. 그렇지 않으면 잎이 나오는 시기가 늦어지고, 꽃피는 시기가 불규칙해지며, 열매가 줄고, 병에 걸리기 쉽다. 대부분의 사과나무는 건강을 유지하고 꽃을 피우기 위해 500시간 이상의 추위가 필요하다(섭씨 7도 이하의 추운 날씨가 적어도 21일은 연속으로 이어져야 한다). 이는 사과나무의 발아를 억제하는 아브시스산ABA이라는 호르몬의 대사 작용 때문이다.

날이 따뜻하면 ABA의 생성율과 분해율이 거의 같아서 사과나무가 휴면기를 갖기에 충분한 일정 수치를 유지하게 해준다. 그러다가 온도가 떨어지면 ABA는 생성되는 속도보다 더 빠른 속도로 분해되어 추운 날씨가 시작되고 3주 정도가 지나면 자취를 감춰버린다. 그러면 마침내 사과나무는 휴면기를 끝내고 사과꽃을 피운다. 그러나 지구가 따뜻해지면 사과나무에 필요한 추운 날이 줄어들어 ABA 수치가 충분히 떨어지지 않고, 그 결과 사과나무는 열매를 제대로 맺지 못하고 병으로 죽게 될 것이다.

사과 재배에 어려움을 겪는 나라는 일본뿐만이 아니다. 미국에서도 사과 작황은 이미 나빠지기 시작했다. 뉴욕주는 미국 내 두 번째로 큰 사과 생산지로, 그중에서도 허드슨밸리 지역에서 대부분의 사과가 재배된다. 하지만 지나치게 따뜻한 늦겨울과 초봄의 극심한 폭풍으로 이 지역의 사과 과수원은 황폐해졌다. 2012년에서 2017년 사이에는 2000개 이상의 농장이 문을 닫았는데, 이는 지역 전체 사과 과수원의 약 6%에 해당한다(뉴욕 농장사무국New York Farm Bureau). 이러한 현상은 캘리포니아, 미시간, 펜실베이니아, 버지니아, 워싱턴 등 미국 전역에서도 나타나고 있다.

가혹한 날씨에 이어, 기후변화는 과일 대 벌레의 전쟁을 벌레에게 유리하게끔 만들고 있다. 사과를 죽게 만드는

사과를 죽게 만드는 세 가지 주요 원인으로는 노균병, 진딧물, 잎과 열매를 공격하는 붉은곰팡이병이 있다. 추운 날씨가 오래 필요하지 않고 비교적 온화한 환경에서 열매를 맺는 품종의 사과라 해도 질병에 시달리기는 마찬가지다.

세 가지 주요 원인으로는 노균병, 진딧물, 잎과 열매를 공격하는 붉은곰팡이병이 있다. 추운 날씨가 오래 필요하지 않고 비교적 온화한 환경에서 열매를 맺는 품종의 사과라 해도 질병에 시달리기는 마찬가지다. 물론 낮은 온도가 100시간이 채 유지되지 않아도 되는 사과 품종이 하나 있기는 하다. 바로 1950년대 이후에 등장한 바하마 도싯 골든Bahamian Dorsett Golden이라는 품종이다.

앞으로는 사과나무가 미국 중·북부 지역 대부분의 마당에서 자라나고 열매를 맺게 될 것이다(자기 집 마당에 사과나무를 심어보자는 저자의 제안_옮긴이). 사과나무 묘목은 원예용품점이나 생활용품점에서 30~100달러에 살 수 있고, 최소 두 그루는 사야 나무들이 서로 수분하여 열매를 맺을 수 있다.

나는 예전에 사과나무를 한 그루만 사는 실수를 해놓고 '왜 사과가 열리지 않을까?' 한참을 궁금해했다. 또 다람쥐가 이 나무에 오르지 못하게 하려고 나무 몸통의 껍질을 고리 모양으로 벗겨낸 적이 있다. 나무는 죽었지만, 땅속에는 엄마 나무를 잃은 어린 나무가 남아 있었다! 그리고 나는 지금도 이 나무를 돌보고 있다.

4장

과학은 아보카도에 닥칠 위험을 경고한다

Avocado

추수감사절에 크랜베리 소스가 필요하다면 슈퍼볼 기간에는 과카몰리Guacamole(아보카도 샐러드)가 있어야 한다. 매년 슈퍼볼 기간에만 약 3600톤의 과카몰리가 하루 동안 소비된다. 이럴 수가! 슈퍼볼은 둘째치고, 인기 외식업체 치폴레Chipotle만 봐도 이들은 매일 약 44톤의 아보카도(매년 약 1만6000톤)를 판매한다. 평균적으로 미국인은 2000년에 약 1kg의 아보카도를 섭취했지만, 지금은 연간 약 3kg 이상의 아보카도를 섭취하고 있다(Statista.com). 우리는 아보카도를 즐겨 먹는다. 특히 다른 사람이 우리를 위해 준비해준다면 더더욱 말이다.

'악어 배alligator pears'라고도 불리는 아보카도는 '버터 맛'이나 '견과류 맛'이 나는 것으로 알려져 있다. 아보카도는 비오틴, 엽산(비타민 B9), 리보플래빈(비타민 B2, 몸에 저장되지 않으며 최적의 건강 상태를 위해 규칙적으로 섭취해야 한다), 비타민 K

와 같은 필수 비타민이 풍부하다. 게다가 아보카도에는 티아민, 비타민 A, 미네랄(바나나보다 칼륨이 60%나 더 많다), 피토케미컬과 함께 단일불포화지방산과 다가불포화지방산(좋은 지방), 그리고 비교적 높은 함량의 구리(우리 몸의 효소 반응에 중요한 보조인자) 등이 들어 있다. 또 아보카도는 비듬과 옴(진드기로 인한 전염성 피부 발진), 두통을 줄이는 효과가 있는 것으로도 밝혀졌다.

아보카도는 몇 살일까?

야생 아보카도(퍼시 아메리카나Persea americana)는 거의 1만 년 동안 존재해왔으며, 선사시대의 인류는 아마도 지금의 멕시코 중부에서 야생 아보카도를 처음 먹었을 것으로 추정된다. 다른 열매와 마찬가지로 아보카도 역시 동물들에게 먹히는 쪽으로 진화했을 가능성이 크다.

아보카도를 먹은 동물은, 과육은 소화해도 씨는 소화하지 못해 똥으로 배설함으로써 최초의 수정 매개자 역할을 했을 것이다. 자연은 정말 현명하다! 그런데 잠깐, 아보카도 씨는 꽤 큰데 과연 어떤 동물이 아보카도 씨를 삼키고 배설

할 수 있었을까? 물론 오늘날 이런 일을 할 수 있는 동물은 어디에도 없다.

2000년대 들어설 무렵, 코니 발로우Connie Barlow 박사는 자신의 책《진화의 흔적Ghosts of evolution》에서 '진화론적 시대착오evolutionary anachronism'라는 용어를 처음 사용했다. 진화론적 시대착오란 어떤 종이 다른 종들과 공진화하는 동안 어떤 특징을 새롭게 갖게 되었다가, 다른 종이 멸종했음에도 여전히 살아남아 그 특징을 유지하는 것을 말한다.

진화생물학자 댄 잰즌Dan Janzen은 진화론적 시대착오의 한 예로 아보카도를 든다. 아주 오래전, 거대한 몸집의 땅늘보, 자동차 크기의 아르마딜로, 원시 코끼리 같은 거대 포유류(거대 동물)는 아보카도를 먹고 씨를 배설하는 데 아무런 문제가 없었으나, 이러한 거대 동물들은 약 12만5000년 전인 플라이스토세(빙하시대) 말에 모두 사라지고 만다. 그렇다면 씨를 퍼뜨릴 수 있는 동물이 더는 존재하지 않는데도 아보카도는 어떻게 살아남을 수 있었을까? 재규어와 다람쥐가 아보카도 씨가 퍼지는 것을 도왔다고는 하지만, 아보카도는 인간의 재배로 살아남았을 가능성이 크다.

인간에게 길들여진 아보카도 씨앗은 약 3000년 전 잉카시대 어느 미라의 무덤에서 발견된 바 있다. 하지만 아보카도는 약 4000년에서 6000년 전 초기 마야인에 의해 최초로 길들여진 것으로 보인다. 비록 남아 있는 유물은 없지만, 마야인과 잉카인의 고문서에는 아보카도가 영적인 상징물로 묘사되어 있으며, 마야 달력에는 열네 번째 달이 아보카도로 표기되어 있다. 또 지금의 중앙아메리카 벨리즈Belize 남부에 해당하는 고대 마야문명의 도시 푸실라Pusilhá는 '아보카도의 왕국'으로 알려져 있으며, 멕시코 팔렝케Palenque에 있는 마야 통치자 파칼Pacal의 석관에는 아보카도 나무 그림이 그려져 있다.

아보카드 나무 이미지가 새겨져 있는
마야 달력(재생본)

아보카도가 멸종 위기에 처한 이유는 무엇일까?

아보카도 속(페르세아Persea)은 총 12종이며, 이 종들 대다수는 열매를 맺지 않는다. 아보카도 나무는 매우 크게 자라는데, 잘 자라기 위해서는 많은 물이 필요하다. 아보카도 나무는 온스(약 28g)당 약 9갤런(약 34L), 파운드(약 453g)당 약 141갤런(약 530L, 욕조 두 개를 채운 양)의 물이 필요하다. 비교하자면 아보카도는 토마토와 상추, 오이보다 약 10배나 많은 물을 사용한다.

미국에서 소비되는 아보카도의 약 85%는 멕시코와 칠레에서 재배된다. 남부 캘리포니아에서 아보카도 나무는 대개 가뭄과 수확 노동자의 감소로 인해 꾸준히 줄어드는 추세지만, 멕시코와 칠레에서는 그 수가 늘어나 캘리포니아에서 줄어든 개체 수를 어느 정도 메우고 있다. 다만, 이러한 열대지방에서 자랄 수 있는 나무의 수는 신선한 물을 공급받을 수 있느냐 없느냐에 따라 제한된다.

현존하는 아보카도 나무들은 지하수와 강이 공급하는 양보다 더 빠른 속도로 물을 소비하고 있다. 다행히 여러 나라(오스트레일리아, 캐나다, 덴마크, 프랑스, 멕시코, 싱가포르, 스페인, 스웨덴, 미국)의 농업 전문가와 유전학자, 미생물학자, 통계학자로 구성된 팀이 얼마 전 아보카도 전체 게놈의 배열을 밝혀냈는데, 이는 앞으로 아보카도의 생존력을 강화할 수 있는 인자를 발견하는 데 도움이 될 것이다.

식물의 게놈을 배열하고 바꾸는 일은 많은 사람에게 두려운 일이고, 실제로도 충분히 그럴 만한 일이다. 하지만 우리 인간은 이미 여러 가지 방법으로 유전자 검사와 유전자 기반 치료법을 개발해 활용하고 있다. 그 덕분에 어떤 암은 개인의 유전적 구성에 맞는 치료를 통해 성공을 거두기도 했다. 현재 이러한 의학적 접근은 다른 많은 질병에도 적용 중이다.

진사이트 홈페이지Genesight.com에 가면 유전자 검사가 어떻게 정신질환을 앓는 환자에게 더 적합한 약물을 찾아줄 수 있는지에 대한 자세한 내용을 확인할 수 있다. 그뿐만 아니라 단일 유전자 대사 질환을 앓는 사람들도 이제는 유전자 기반 치료법을 통해 치료될 수 있다. 우리가 먹는 식물의 유전자 편집(재배열)도 이와 별다를 게 없다. 유전자 편집은 더 건강하고 튼튼한 먹거리를 찾아내 어쩌면 이들 식물의 멸종을 막을 수 있게 해줄지도 모른다.

우리도 아보카도를 직접 길러보자! 먼저 아보카도 씨

아보카도 나무는 온스(약 28g)당 약 9갤런(약 34L), 파운드(약 453g)당 약 141갤런(약 530L, 욕조 두 개를 채운 양)의 물이 필요하다. 비교하자면 아보카도는 토마토와 상추, 오이보다 약 10배나 많은 물을 사용한다.

를 하나 준비한다. 씨의 세 면에 이쑤시개를 박은 다음, 씨의 3분의 1이 물에 푹 잠기도록 물이 담긴 컵에 이쑤시개가 박힌 씨를 걸쳐둔다. 그러고 나서 햇볕을 쬘 수 있도록 따뜻한 곳에 컵을 둔다. 씨의 아랫부분이 늘 깨끗한 물에 젖어 있어야 한다는 점을 명심하자. 곧 씨가 갈라지고 물 아래쪽으로 뿌리가 자라면 예쁜 싹이 올라올 것이다. 더 잘 자라게 하기 위해서는 뿌리가 많이 자랐을 때(새싹이 나기 전에) 아보카도 씨앗을 흙으로 옮기는 것이 좋다.

5장

바나나가 받는 극심한 스트레스

Banana

바나나 '나무'에는 나무로 된 부분이 없다. 바나나는 우리가 흔히 말하는 풀에 속하며, 엄밀히 말하면 나무가 아니라 지구상에서 가장 큰 초본식물이라고 할 수 있다. 인간은 바나나 껍질 벗기는 방법을 제대로 알지 못한다. 동물원에 있는 원숭이를 보라. 원숭이는 줄기를 잡아당기지 않는다. 바나나는 부드러워서 손톱이 쉽게 들어갈 수 있는 검게 변한 끝부분부터 껍질을 벗겨야 한다. 열대성식물인 바나나(무사Musa 속)는 현재 동남아시아, 남아시아, 멜라네시아 섬, 태평양에 있는 섬들을 비롯해 아프리카와 미국에서 재배된다. 무사 속에는 최소 50종의 바나나가 있으며(플랜테인Plantain 포함), 껍질색과 껍질 두께, 맛, 열매의 크기, 질병에 대한 저항성에 따라 수백 개의 품종으로 나뉜다.

바나나는 특히 운동 후에 먹으면 좋은 완전식품이다

오랜 시간 격렬한 운동을 한 뒤에 바나나를 먹으면 비타민 B6, 비타민 C, 구리, 마그네슘, 그리고 활성산소를 줄여주는 식물 색소인 안토시아닌과 함께 수분과 탄수화물, 칼륨을 보충할 수 있다. 색이 푸른 바나나를 먹을수록 우리는 더 많은 녹말 혹은 다당을 섭취하게 되는데, 이들은 (결장 발효를 통해) 프리바이오틱스 역할을 하지만 대부분이 소화기관을 통과하는 약 30 정도의 낮은 혈당지수를 가진 긴 사슬 탄수화물이다.

반면 너무 익은 바나나는 먹으면 많은 단당을 섭취하게 되고, 혈당지수가 그 두 배인 60에 달한다. 앞서 3장에서 혈당지수가 70 이상인 음식은 건강에 좋지 않다고 했던 사실을 떠올려보자. 따라서 너무 익은 바나나를 먹는 것은 혈당지수 면에서 건강상의 한계를 시험하는 것이나 마찬가지다.

바나나가 얼마나 익었는지와 상관없이 일단 바나나를 먹으면 우리는 방사능도 함께 먹는 셈이다. 그렇다, 바나나에는 아르곤으로 분해되어 중성미자와 감마선을 방출하는 방사성 동위원소인 '칼륨-40'이라는 방사성 물질이 들어 있다. 하지만 사람의 하루 평균 방사능 노출량에 달하려면 하루에 바나나 100개는 먹어야 하므로, 바나나 때문에 암에 걸릴 염려는 하지 않아도 된다. 이에 대해서는 어떤 증거도 없다. 오히려 바나나에는 비타민 C와 안토시아닌 같은 항산화 물질이 함유되어 있기 때문에 암의 발병 원인을 줄여준다.

바나나는 어디에서 왔을까?

바나나 재배의 역사는 9000년 전 파푸아뉴기니 서부 산악지대에 있는 쿡 습지Kuk Swamp로 거슬러 올라간다. 뉴기니의 상인들이 바나나를 인도와 아프리카, 폴리네시아에 처음 소개했고, 이후 약 2000년 전에 알렉산드로스 대왕이 인도를 침략해 유럽으로 바나나를 들여왔다. 미국에서는 1800년대 후반이 되어서야 사람들이 처음으로 바나나를 먹기 시작했다.

1876년, 바나나(당시는 그로 미셸Gros Michel 품종)는 필라델피아의 센테니얼박람회에서 40에이커(약 5만 평)에 이르는 밭에 전시되었다. 그리고 세기가 바뀌기 전, 앤드루 프레스턴Andrew preston과 마이너 쿠퍼 키스Minor Cooper Keith가 중앙아메리카와 서인도제도에서 바나나를 수입하기 시작해 자신들의 보스턴프루트컴퍼니Boston Fruit Company를 통해 팔았는데, 이 회사는 이후 유나이티드프루트사United Fruit Company, 그다음에는 치키타Chiquita가 되었다. '치키타 바나나'라는 말을 처음 들으면 미국 사람들은 대부분 영화배우 카르멘 미란다Carmen Miranda를 떠올린다. 그녀는 귀에 감기는 TV 광고 노래를 불러 '치키타 바나나 레이디'로 불리기도 했다. 실제로 1940년대에 만들어진 이 노래는 미란다 덕분에 TV보다 먼저 영화 광고를 통해 큰 인기를 얻었다.

하지만 미란다가 이 바나나 노래를 부르기 이전부터 자선가로 가장한 유나이티드프루트사는 라틴아메리카의 바나나 노동자와 지역사회에 막대한 해를 끼치고, 끔찍한 노동환

보스턴프루트컴퍼니 소유 자메이카 바나나 농장(1894)

경을 강요하고, 노조 결성을 금지하고, 중앙정부를 압박해 미국 소비자의 부담을 최소화하면서도 자신들의 이익은 극대화했다. 이 지독한 기업의 탐욕은 1928년 12월 6일 콜롬비아 시에나가Ciénaga에서 발생한 '바나나 학살'로 결국 끝이 났다. 이 사건으로 무려 3000여 명의 콜롬비아인(콜롬비아 정부가 반역자로 분류한 노동자와 그들의 가족)이 코르테즈 바르가스Cortéz Vargas 장군이 이끄는 콜롬비아군의 총에 맞아 사망했다. 또 다른 '바나나 공화국'(바나나 등 1차 상품의 수출에 절대적으로 의존하며 서구 자본에 경제가 예속되고 독재와 부정부패 등으로 정치적 불안이 이어지는 나라들을 풍자한 용어_옮긴이)이던 코스타리카와 과테말라 역시 유나이티드프루트사의 속임수에 넘어가 결국 20세기 대부분을 사회적 · 정치적 불안 속에서 보내야 했다.

서양인 대부분에게 익숙한 밝은 노란색의 바나나는 캐번디시Cavendish 종이다. 캐번디시는 열매를 맺는 데 최소 9개월이 걸리는 남아메리카에서 주로 재배된다. 오늘날 판매되고 있는 식용 바나나는 모두 무사 아쿠미나타Musa acuminata 종으로부터 교배된 것이다. 그러나 유전학적으로 식용 바나나는 염색체가 3배수이기 때문에 씨앗으로 번식하는 것이 어렵다. 다시 말해, 바나나는 염색체에 3개의 사본이 있어서 생존 가능한 씨앗을 제대로 만들어낼 수가 없다.

이해를 돕기 위해 인간의 염색체와 비교하면, 사람은 염색체가 2배수고 23쌍의 염색체를 갖고 있으므로 계산이 쉽다. 인간의 난자와 정자 세포 형성 과정에서 23쌍의 염색체는 서로 갈라지기 때문에 각각의 난자나 정자 세포는 23쌍 중 절반의 염색체만 갖고 있다. 그러다 수정 직후에 23개의 난자 염색체와 23개의 정자 염색체가 합쳐져 후손의 세포에 모체에서처럼 23쌍의 새로운 염색체를 형성한다.

한편 염색체가 3배수인 바나나는 염색체 수가 제대로 나누어지지 않기 때문에 생존 가능한 후손을 만들어내지 못한다. 그 대신 다 자란 나무가 죽으면 뿌리 주위의 작은 가지들(곁가지)을 주워 다시 심으면 된다. 이 말은, 우리가 농산물 코너에서 사는 모든 캐번디시 바나나는 서로 형제자매가 아닌 복제품이라는 뜻이다! 실제로 모든 캐번디시는 엄청나게 큰 한 집단 유기체의 일부라고도 할 수 있다. 이는 맛의 일관성을 유지한다는 점에서는 좋지만, 바나나가 병이 들거나 기생충을 만났을 때는 그렇게 좋은 것만은 아니다.

사실 캐번디시는 미국인들이 원래부터 좋아하던 바나나 품종은 아니다. 불과 몇십 년 전까지만 해도 미국인은

'그로 미셸'(빅 마이크Big Mike) 바나나를 즐겨 먹었다. 하지만 이 바나나는 파나마병(뒤에서 좀 더 자세히 설명)으로 알려진 뿌리 먹는 곰팡이로 인해 1950년대에 거의 자취를 감추었다.

바나나에게 가장 큰 기후변화 위협은 무엇일까?

도입부에서 이야기했듯 따뜻한 기온과 대기 중의 증가된 이산화탄소는 식물에 도움이 되기도 하는데, 바나나가 그 대표적인 예다. 댄 베버Dan Bebber와 바룬 바르마Varun Varma 교수의 최근 연구에 따르면, 지난 50년간 우리가 먹는 바나나의 약 90%를 공급하는 27개국의 바나나 재배량은 꾸준히 증가해왔다. 바나나 생산량이 증가하게 된 이유는 부분적으로 재배 조건을 더 유리하게 하고 나무와 열매의 성장 속도를 빠르게 한 기후변화 때문이라고 볼 수 있다.

좋은 소식은, 에콰도르와 아프리카 일부 지역의 바나나 농가들이 이러한 이점을 잠깐은 누릴 수 있다는 점이다. 하지만 세계 최대의 바나나 생산국이자 소비국인 인도(주로 미니 캐번디시와 푸반Poovan, 블루괴Bluggoe, 넨드란Nendran 품종을 생산)와 세계 4위 생산국인 브라질, 그리고 그 밖의 많은 국가들

(콜롬비아, 코스타리카, 과테말라, 온두라스, 파나마, 필리핀)은 바나나 생산에 어려움을 겪게 될 것이다. 2050년이 되면 기후변화로 인한 긍정적인 영향은 대부분 사라지고, 이들 지역의 생산량은 80% 이상 감소할 것이다.

기후변화는 기온 상승과 극한 기후라는 부정적인 영향에 더해, 파나마병Tropical Race 4, TR4이라고도 알려진 '바나나 시듦병'을 일으켜 중남미 전역에 바나나를 죽이는 곰팡이를 퍼뜨렸으며, 심지어 호주에서도 이 병이 발견되었다. 이 곰팡이는 동남아시아에서 발생한 것으로, 중남미나 호주의 바나나 품종은 이에 대한 면역력이 거의 없기 때문에 매우 위협적이다. 게다가 이미 호주에서는 근절된, 바나나 잎에 검은 줄무늬를 만드는 '블랙 시가토카black sigatoka'라는 병도 호주와 아시아에 다시금 모습을 드러내고 있다.

현재 적어도 9개국(미국은 제외)의 과학자들이 가뭄에 강한 바나나의 경우, 줄어든 물 공급이라는 스트레스를 어떻게 견디는지에 대해 함께 연구 중이다. 수분 감소에 뛰어난 대처 능력을 보이는 이 바나나 품종들은 자신의 게놈을 최대한 활용할 줄 안다. 이들은 스트레스 대응 유전자를 최대한 발현해 해로운 활성산소가 최소한으로만 쌓이게 하며,

2050년이 되면 기후변화로 인한 긍정적인 영향은 대부분 사라지고, 이들 지역의 생산량은 80% 이상 감소할 것이다.

높은 수분, 물과 염분의 균형, 원활한 호흡을 유지하는 법을 터득했다. 생존에 성공한 바나나가 척박한 환경에 어떻게 대처하는지를 안다면, 앞으로 기후변화에 견딜 수 있는 새로운 품종을 개발할 수도 있고, 멸종 위기에 처한 또 다른 먹거리의 생존에 도움을 줄 수도 있을 것이다.

기업 차원에서도 어느 정도의 노력이 이루어지고 있다. 미국 최대의 바나나 판매업자 중 하나인 돌Dole은 코스타리카의 바나나 농장이 물을 80% 덜 쓰고, 나무를 보호하는 비닐 덮개를 재활용할 수 있다는 사실을 보여주었다. 이 농장은 더 나은 재배 방식이 가능하다는 사실을 증명해 보였다. 하지만 중요한 사실은 이 농장이 이러한 노력을 의미 있는 것으로 만들기 위해 변화가 시급한 중남미의 수많은 상업 농장 중 하나일 뿐이라는 점이다. 게다가 요즘은 이러한 방향으로 진전이 있다는 소식조차 좀처럼 듣기가 어렵다.

바나나 농가들은 단순히 바나나를 더 따뜻해진 곳에서 재배함으로써 기후변화를 피할 수 있을 것으로 생각하는 듯하다. 그 때문에 기후변화로부터 바나나를 보호하기 위한 상업적·기업적 노력이 다른 멸종 위기의 먹거리와 비교했을 때 상대적으로 덜한데, 그 점이 참으로 안타깝다.

6장

보리의 위기, 맥주의 위기!

Beer

BEERFEST
BEER premium
PREMIUM 19 Beer 74 QUALITY
Beer
BEERFEST SINCE 1970
PREMIUM QUALITY BEERFEST
ALWAYS TIME for a BEER good idea
BEER PREMIUM
BEER DELIVERY
Beer FRESH
DRINK BEER WITH GOOD FRIENDS
BEER FRESH
PREMIUM Craft Beer QUALITY
Beer BAR
PREMIUM Beer BAR QUALITY
Brewery

맥주는 알코올이 함유된 음료 중 사람들이 가장 흔히 마시는 술이다. 1920년에서 1933년까지 한때 미국에서 금지되었던 알코올은 다시 사회적으로 수용 가능한 비행非行으로 받아들여졌다. 한 여론조사에 따르면, 미국인의 40% 이상은 다른 술보다 맥주를 더 선호한다. 경기가 나빠지면 사람들은 슬픔을 달래기 위해 맥주를 마신다. 반대로 경기가 좋아져도 사람들은 축하를 위해 더 많은 맥주를 마신다. 미국의 초대 대통령 집에서부터(대통령이 살던 마운트버넌 저택에는 양조장이 있었다) 고등학생이 처음 접하는 술, 어느 대법원 판사(브렛 마이클 캐버노Brett Michael Kavanaugh)가 가장 즐기는 취미에 이르기까지 맥주는 미국 문화에서 특별한 자리를 차지한다.

미국에서 합법적인 음주 나이가 18세에서 21세로 조정되기 이전인 1980년대에 대학생들은 맥주 한 통을 사서 목요일이나 금요일 밤 파티를 위해 기숙사 방으로 끌고 올라가곤 했다. 전국적으로 목요일 밤은 사교 모임을 중요하게 생각하는 상급 대학생들에게는 주말의 시작에 해당하기에 이들은 되도록 금요일 오전 강의를 피한다(신청하지 않거나 출석하지 않음).

또 1980년대에 지미 카터 대통령은 집에서 만들고 소비한 맥주에 세금을 일절 부과하지 않는 H.R.1337법에 서명했고, 1970년대 후반에는 핵 기술자인 찰스 '찰리' 파파지안Charles 'Charlie' Papazian이 지금은 '양조자협회Brewers Association'에 속해 있는 '양조자의 협회Association of Brewers'와 '미국수제양조자협회American Homebrewers Association'를 처음 설립했다. 현재 양조자협회는 성장을 거듭해 수제 맥주 제조에 푹 빠져 있는 7000여 명의 양조업자가 70여 종(에일과 라거 모두)의 맥주를 선보이고 있다. 나의 박사 논문 지도교수는 맥주를 한번 만들어봤다가 버지니아주 샬러츠빌Charlottesville에서 열린 지역 수제 맥주 대회에서 상을 타기도 했다.

좋아하는 스포츠 경기를 보며 500mL 맥주 서너 잔을 비우거나, 집에서 하는 모임에 1.2L짜리 위네바고Winnebago

맥주 두어 개를 가지고 가는 것은 전혀 이상한 일이 아니다.

나는 대학에 다닐 때 버드와이저에서 맥주 배달하는 일을 한 적이 있다. 뜨거운 여름날, 하루 꼬박 육체노동에 시달린 내게 얼음처럼 차가운 버드와이저만큼 위안이 되는 것은 없었다. 맥주는 부드러웠고, 맛있었고, 쉬이 넘어갔으며, 잃어버린 탄수화물을 다시 채워주었을 뿐만 아니라 완벽하게 상쾌했다(물론 맥주 나르는 일은 힘들었다). 우리는 맥주를 사랑한다!

맥주를 만들어준 것에 대해 누구에게 감사하면 될까?

지금의 이란(당시 수메르의 일부)에서 발견된 고대 도기의 화학적 검증 결과에 따르면, 맥주는 약 7000년 전에 처음 만들어진 것으로 추정된다. 당시 곡물은 어쩔 수 없이 공기 중의 효모에 노출되어 있었다. 그 때문에 인간은 자신들이 먹으려고 재배한 곡물이 자라서 자연 발효됨에 따라 맥주를 마시게 된 것으로 보인다.

고고학적 증거에 따르면, 약 5000년 전 신석기시대 유럽에서 가내 수준의 맥주가 만들어졌다고 확인된다. 약

5000년 전 고대 이집트인의 파피루스 두루마리에 기록된 글과 4000년 전 고대 수메르인의 시詩에 맥주 제조법이 포함되어 있다는 사실로 미루어보건대, 맥주는 매우 오랜 기간 동안 상당한 문화적 의미를 지니고 있었음이 분명하다. 실제로 이집트인들은 닌카시Ninkasi라는 맥주의 여신을 숭배하며 닌카시 찬가를 불렀고, 이는 맥주 제조법이 대대손손 전해지는 데 도움이 되었다.

12세기 말 독일의 수도승들은 풍미가 좋고 자연 방부제 역할을 한다는 이유로 맥주 제조에 처음으로 홉을 추가했다. 이후 홉은 곧 수도원 밖에서도 맥주 재료로 큰 인기를 끌었다. 독일과 벨기에의 수도원은 지금도 전 세계에서 가장 훌륭한 맥주 제조장에 속한다. 벨기에의 베스트블레테렌Westvleteren 수도원에서 만드는 맥주 3종은 세계적으로 명성이 자자하며, 이 맥주들은 라벨이 없는 갈색 병에 담겨 판매된다. 맥주는 병뚜껑 색으로 구분되는데, 이들은 병에 트라피스트Trappist(가톨릭 수도회로, 공식 명칭은 '엄률 시토회Order of the Reformed Cistercians of the Strict Observance'다) 로고가 없는 유일한 트라피스트 맥주다.

나는 동네 축구팀과 함께 여행을 갔다가 열여섯 살에

처음으로 벨기에 트라피스트 맥주를 마셔봤다. 맛이 꽤 무겁고 진했던 것으로 기억한다. 여행 중 우리는 매일 밤 펍에 들렀는데, 그때의 경험으로 몹시 추운 날 맥주를 마시는 것은 의도된 맛을 즐기는 좋은 방법이 아니라는 것, 그리고 어떤 맥주들은 병 밑바닥에 이스트가 많이 가라앉아서 이런 맥주는 70~80% 정도만 마시는 것이 좋다는 것을 배웠다.

독일의 수도원 중에는 베네딕틴Benedictine(수십 종의 약초를 사용해 만든 알코올성 음료_옮긴이)을 만드는 곳이 24군데 있는데, 이 가운데 절반이 바이에른주에 있다. 최근 프랑켄의 크로이츠베르크Kruezberg에 있는 수도원 양조장 8곳은 양조 전통을 유지하기 위해 동맹을 맺었다. 이 협회 의장인 샤이에른 베네딕트 수도원의 루카스 비르트Lukas Wirth 신부는 "우리는 개별 양조장의 역사적·문화적 중요성뿐 아니라 그 중에서도 우리에게 공유된 가치로 결속되어 있다"라고 선언하며 집단의 대의를 밝혔다.

조금 다른 얘기지만, 1759년 아서 기네스Arthur Guinness는 더블린의 한 부지를 9000년간 임대했는데(결국 부동산을 소유한 셈), 이곳은 지금까지도 성 제임스 게이트 양조장St. James Gate Brewery이자 기네스 맥주 생산의 중심지로 남아 있다. 이들은 모두 자기 맥주에 대한 자부심이 대단했다! 혹시 당신 주변에도 스스로를 진짜 맥주에 미친 사람이라고 생각하는 이가 있는가? 하지만 그 영광을 위해 경쟁했던 사람은 수천 년 전부터 차고 넘쳤다.

이후 많은 사람들이 맥주를 즐겨 마시면서 맥주는 기업 차원에서 생산이 이루어졌다. 맥주는 산업혁명이 진행되는 동안 대량으로 생산되기 시작했으며, 값이 저렴한 습도계와 온도계가 나오면서 사람들은 발효 및 양조 조건을 조절하기가 한층 수월해지고 제조법을 표준화할 수 있게 되었다.

동시에 맥주가 대량으로 소비되면서, 맥주가 건강에 미치는 영향도 더 많이 알려지게 되었다. 맥주를 많이 마시면 '맥주 배'가 나온다고 할 정도로 맥주는 더러 나쁜 평을 받기도 하지만, 뱃살이 찌는 원인이 맥주만은 아닐 것이다. 아마도 맥주와 함께 먹는 가공된 탄수화물 식품과 그에 따른 무기력증 때문인지도 모른다. 적당한 양의 맥주 섭취는 혈관 속에 좋은 지방을 늘려주고, 우리에게 즐거움을 준다. 그러나 혈중 지질 함량을 조정하는 데는 맥주 말고도 더 건강한 방법이 있으며, 맥주의 알코올은 우리에게 분명 심리적인 영향을 미칠 수 있다.

알코올을 적당히 섭취하면 뇌에 있는 신경전달물질을 방해해 긴장을 풀 수 있게 도와준다. 하지만 많이 섭취하면 뇌세포에 구멍을 뚫어 세포를 고장 나게 만든다. 누군가는 맥주 두어 잔을 마시면 동네 술집에서 하는 다트 놀이를 좀 더 능숙하게 할 수도 있다. 하지만 대부분의 사람들은 두어 잔에서 그치지 않고 세 번째, 네 번째 잔을 들게 마련이다. 이는 알코올이 뇌 기능, 주의력, 정상적 운동 기능에 미치는 또 다른 영향 때문이다.

맥주가 아무리 풍부하다 해도 기후변화는 당할 수 없다

맥주 만드는 과정은 상당히 까다롭다. 보리, 홉, 효모, 물 등 재료가 완벽히 어우러져야 맛있는 맥주를 제대로 만들 수 있다. 또 재료의 구성 성분(녹말, 단백질, 효소 등)이 조화를 이루어 최적의 발효를 하려면 재료 자체가 좋아야 한다.

앞으로의 맥주 생산에서 가장 큰 문제는 아마도 발효에 필요한 보리 종자일 것이다. 갈수록 가뭄이 심해지면 보리 수확량은 매우 큰 폭으로 감소할 수밖에 없다. 살아남은 보리는 기후변화로 인해 신진대사가 달라져 녹말이나 효소 함

앞으로의 맥주 생산에서 가장 큰 문제는 아마도 발효에 필요한 보리 종자일 것이다. 갈수록 가뭄이 심해지면 보리 수확량은 매우 큰 폭으로 감소할 수밖에 없다. 살아남은 보리는 기후변화로 인해 신진대사가 달라져 녹말이나 효소 함량이 적은 낟알을 만들어낼 것이다.

량이 적은 낟알을 만들어낼 것이다. 거기에 더해, 붉은 고기의 소비가 줄지 않으면 보리 농가는 보리를 맥주의 재료보다는 가축 사료로 더 많이 판매하게 될 것이다. 왜냐하면 보리는 소에게(소를 먹는 사람에게도) 옥수수나 콩보다 더 건강한 식사이기 때문이다.

현재 세계 최대의 맥주 기업들은 보리를 구하기 위해 유전학자들과 협력 중이다. 이를테면 앤호이저부슈 인베브 Anheuser-Busch InBev(벨기에의 유명 맥주 제조회사_옮긴이)는 벤슨힐바이오시스템Benson Hill Biosystems이라는 회사와 함께 더 따뜻해지고 더 불안해진 지구에서 번성할 수 있는 새 보리 품종을 만들기 위해 기계 학습이 지원되는 유전체학을 적용 중이다. 앤호이저부슈 인베브는 보리 품종과 관련해 수십 년 동안 모아둔 상당한 양의 유전자 정보와 환경 자료, 성장 자료를 제공했다. 그 덕분에 벤슨힐바이오시스템은 이러한 자료에 최신 컴퓨터 알고리즘을 적용해 어떤 교배를 통해야 원하는 특성을 갖춘 보리를 생산할 수 있는지 판단하는 게 가능해졌다.

기계 학습 알고리즘을 이용하면 다양한 성장 조건에서 수백만 가지의 유전적 조합을 순식간에 분석할 수 있다. 실제로 서로 다른 보리 품종을 교배한 후 이들이 각기 다른 환경에서 자라나는 걸 확인하던 전통적 접근법보다 유전자와 환경 간의 관계를 훨씬 더 빠르게 파악할 수 있게 되었다. 미국 오리건주 벤드Bend에 있는 데슈트 양조장Deschutes Brewery과 덴마크 코펜하겐에 있는 칼스버그 양조장Carlsberg Brewery 역시 맥주 제조 과정을 더 잘 이해하고 개선하기 위해 이와 비슷한 접근을 하고 있다.

7장

산 위로 올라가는 체리

Cherry

벚꽃축제는 워싱턴DC는 물론 워싱턴주 전체에서 열리며, 미시간·캘리포니아·오리건·위스콘신주 같은 곳에서도 열린다. 수백만 명이 초봄의 벚꽃을 보기 위해 수천 마일을 여행한다. 아내와 나도 몇 년 전 워싱턴DC에서 열린 벚꽃축제에 가본 적이 있다. 퍼레이드도 화려했지만, 꽃나무들은 넋을 빼놓을 정도로 아름다웠다. 꽃을 피운 벚나무들이 줄지어 늘어서 있었고, 작은 분홍색 꽃이 빽빽하게 들어찬 꽃 장식들이 거리와 강변을 수놓고 있었다.

체리의 상징

벚꽃은 꽃이 피기 시작하고 2주쯤 후 거의 동시에 절정을 이루었다가 순식간에 지기 때문에, 일본에서 벚꽃(사쿠라)은 삶의 아름다움과 덧없음을 뜻한다. 꽃이 피면 수십만 그루의 고운 나무들이 온 일본인의 마음을 사로잡고, 사람들은 하나미(꽃구경)라는 1000년의 풍속을 통해 이 시기를 적극적으로 즐긴다. 그런데 2018년 10월, 봄이 아닐 가을, 기후변화로 인해 일본 벚나무에 꽃이 피었다!

일본 화훼협회의 와다 히로유키Wada Hiroyuki를 비롯한 원예업자들은 강한 태풍으로 잎이 많이 떨어지는 바람에 잎에서 생성되는 개화를 막는 호르몬이 줄어들면서 이러한 때 아닌 현상이 벌어진 것 같다고 말했다. 일본의 벚나무 역사에 관한 흥미로운 글을 읽고 싶다면 아베 나오코Abe Naoko의 《벚꽃에 사로잡히다The Sakura Obsession》를 확인해보라.

아이스크림이나 초콜릿 컵케이크의 휘핑크림 위에 결혼반지처럼 다정하게 놓인 마라스키노Maraschino 체리를 먹어보지 않은 미국 아이는 아마 거의 없을 것이다. 나의 할머니와 할아버지는 코네티컷에서 가장 오래된 마을인 웨더스필드Wethersfield에 살았는데, 집 뒷마당 가장 끝쪽에는 몽모랑시Montmorency 벚나무가 자라고 있었다. 열 살인 내가 봤을 때 이 나무는 가지 두세 개에 오를 수 있을 만큼 아주 컸고, 나뭇가지에는 바로 따먹을 수 있는 시큼한 체리가 열렸다.

이탈리아 화가 살바토르 포스티글리온Salvatore Postiglione의
〈Cherry Time〉(1906)

체리의 화려한 과거

선사시대 동굴에서 화석으로 발견된 체리 씨를 근거로, 체리(살구 속)는 5000~7000년 전 지금의 동유럽과 아시아, 중동 지방의 경계를 이루는 흑해와 카스피해 사이 지역에서 유래된 것으로 알려져 있다. 체리에 대한 최초의 설명은 고대 그리스의 글에서 확인할 수 있다. 약 2300년 전, 시프노스 섬 출신의 고대 그리스 의사 디필루스Diphilus는 체리가 이뇨제로 유용하다고 권장했으며, 철학자 테오프라스토스Theophrastos는 체리를 자신의 책 《식물의 역사History of plants》에 기록하기도 했다.

그로부터 대략 200년 후, 체리는 로마의 영향력 있는 장군이자 정치가인 루키우스 리키니우스 루쿨루스Lucius Licinius Lucullus에 의해 유럽에 처음 소개되었다. 로마 병사들은 배급품 중 하나로 체리를 늘 가지고 다녔는데, 행군하는 길을 따라 버려진 씨앗들은 추후 제국 곳곳에서 자라 벚나무 숲을 이루었다. 5000피트(약 1500m) 상공에서 벚나무 숲을 쫓아가 보면 로마 병사들의 행군 길을 그려볼 수 있다.

블랙체리(세로티나 벚나무)와 초크체리(산벚나무)는 북아메리카가 원산지이지만, 우리가 대부분 먹는 체리는 1600년대에 유럽에서 수입한 빙Bing체리(단양 앵두)다. 이 체리의 이름은 미국에서 최초로 체리를 재배한 중국 이민자 아빙Ah Bing의 이름을 따서 지었는데, 그는 20세기 초 미국 서부에 과수원을 조성하기 위해 세스 르웰링Seth Lewelling이 경영하는 농장에서 오랜 기간 힘들게 일했다. 그러다가 중국 고향을 잠시 방문한 뒤 미국으로 돌아가려고 했으나 중국인배척법Chinese Exclusion Act에 따라 재입국을 거부당했다.

체리에는 다량의 프리바이오틱 섬유질, 항산화 성분(비타민 C, 폴리페놀), 항염증 성분(베타카로틴), 비타민 K, 칼륨, 구리, 망간 등이 함유되어 있다.

벚꽃이 피는 데 왜 그렇게 기온이 중요할까?

사과나무와 비슷하게 벚나무도 일정 기간의 추운 겨울과 꽃샘추위 이후 늦게까지 지속되는 휴면기가 필요하다. 늦겨울 이후의 따뜻해진 날씨는 벚나무들이 휴면을 마치고 꽃을 피울 수 있게 한다. 만약 그 후 서리라도 내리면 벚나무는 큰 타격을 입게 된다. 그런데 이러한 일은 최근 점점 더 자주 일어나고 있다.

2002년 미시간주에서는 따뜻한 날씨 뒤에 갑작스러운 한파가 이어지면서 체리 수확량이 완전히 바닥을 쳤다. 2012년에도 이와 비슷하게 따뜻한 날씨 뒤에 혹독한 추위와 바람이 이어지면서 거의 모든 체리가 죽었다. 거의 1억 8500만 파운드(약 8만4000톤)에 해당하는 체리가 손실된 셈이다. 그러나 지역 농민들은 이 비극을 대수롭지 않게 여기고, '이런 일은 세대에 한 번 있는 일'이라고 생각했다. 그러다 3년 뒤 2015년, 또다시 미시간의 체리 수확량이 예년보다 약 3분의 1 감소하는 일이 일어났다. 미시간의 체리 농민들에게는 이 불행한 사건들 사이의 3년이라는 기간이 그들이 말한 한 세대였던 걸까.

벚나무의 성장을 방해하는 기상변화는 워싱턴주에서도 있었다. 미국 북서부 지방의 체리 수확량에 영향을 미친 또 다른 요인은 극심한 여름 더위였다. 체리는 너무 더운 날씨를 좋아하지 않는다. 날이 너무 더우면 체리는 성장을 멈추고 물러지며, 줄기에서 떨어져 나가기 쉬워 수확을 기대하기가 어렵다. 게다가 30도가 넘는 날씨에 열매를 따는 일은 농민들의 건강에도 좋지 않다. 이전에는 날이 너무 더워지기 전에 체리를 딸 수 있는 시간이 보통 9시간 정도였지만,

체리는 너무 더운 날씨를 좋아하지 않는다. 날이 너무 더우면 체리는 성장을 멈추고 물러지며, 줄기에서 떨어져 나가기 쉬워 수확을 기대하기가 어렵다. 게다가 30도가 넘는 날씨에 열매를 따는 일은 농민들의 건강에도 좋지 않다.

지금은 6시간에 불과하다.

체리의 멸종을 막을 수 있을까?

외부로부터 아무런 도움을 받지 못한다면, 전보다 혹독해지고 예측하기 힘든 늦겨울 날씨와 더욱 극심해진 여름 더위가 모든 체리를 죽게 할지도 모른다. 체리를 재배하는 다른 지역들과 마찬가지로, 워싱턴DC의 소기후(좁은 지역 안에서 특징적으로 나타나는 기후_옮긴이) 역시 갈수록 날이 더워지고 건조해져 벚나무에 많은 영향을 미칠 것이다.

미국 수도의 벚나무가 받는 또 다른 위협은 토머스제퍼슨기념관Thomas Jefferson Memorial과 조지메이슨기념관George Mason Memorial 인근의 타이들 베이슨Tidal Basin(워싱턴DC에 있는 인공호수_옮긴이) 주변을 넘쳐흐르는 포토맥강의 수위 상승이다. 지난 10년간 하루에 두 번씩 벚나무 근처의 산책로가 물에 잠겼으며, 이 물은 벚나무 뿌리 구석구석에까지 가 닿았다. 문제는 이 물이 염도가 높아 벚나무의 뿌리를 상하게 한다는 점이다.

2019년 봄, 국립녹지대재단Trust for the National Mall과 국

립유적지보호재단National Trust for Historic Preservation, NTHP은 국립공원관리청National Parks Service과 공동으로 '타이들 베이슨 살리기' 캠페인을 벌였다. 이 캠페인으로 타이들 베이슨 둑을 재건(1882년 이후 최소한으로 보수된 상태다)하기 위해 노력 중인 국립녹지대 타이들베이슨연구소National Mall Tidal Basin Ideas Lab에 기금을 지원했다. 아메리칸익스프레스재단American Express Foundation은 이 프로젝트에 75만 달러를 기부했다.

일본에서는 곰의 행동 덕에 의도치 않게 외부(?)의 도움이 이어지고 있다. 동물들 역시 따뜻해진 기후를 피해 극지방이나 산 위로의 이동이 불가피한데, 반달가슴곰도 예외는 아니어서 더 고도가 높은 곳으로 이동 중이다. 이 곰들은 고도가 낮은 곳에서 체리를 먹고 고도가 높은 곳에서 씨앗을 배설한다. 이런 식으로 벚나무는 더 추운 소기후를 찾아 떠나는 곰과 함께 산 위로 올라가고 있다.

이 정도면 체리를 멸종에서 구하기에 충분할까?

8장

병아리콩은 목이 마르다

Chickpea

아보카도를 좋아한다면 아마도 병아리콩, 즉 가르반조 콩Garbanzo bean으로 만든 후무스Hummus도 좋아할 것이다. 병아리콩은 많은 사람에게 사랑받는 콩이다. 건강한 간식을 만들려는 회사가 늘어나고 구운 제품에 병아리콩 가루가 자주 사용되면서, 병아리콩 소비량은 세계적으로 증가하고 있다.

남아시아에서 베산besan으로도 알려진 병아리콩 가루는 방글라데시와 인도, 네팔, 파키스탄에서 선호하는 녹말의 한 형태로, 다른 정제된 밀가루보다 영양소와 섬유질이 풍부하다. 전 세계 병아리콩 의 약 90%가 남아시아(인도에서만 60%)에서 생산된다.

병아리콩은 수억 명의 개발도상국 사람들에게 중요한 영양 공급원이자 세계 인구 20%의 주요한 단백질 공급원이다. 병아리콩에는 엽산, 베타카로틴(당근을 떠올려보라), 칼슘,

구리, 철, 마그네슘, 망간, 인, 아연 등이 풍부하다. 병아리콩의 풍부한 단백질과 섬유질은 소화를 어렵게 해, 이들은 소화기관에 오래 머물며 식욕을 떨어뜨리는 작용을 하기도 한다.

이 고대의 콩에는 재미있는 이름이 두 개나 있다

병아리콩은 콩과 작물, 그러니까 씨앗이 꼬투리 안에서 자라는 '콩류'에 속한다. 이 콩류에는 렌틸콩과 말린 완두콩도 포함된다. 병아리콩Chickpea이라는 단어는 콩의 생김새를 나타내는 라틴어 '키케르 아리에티눔cicer arietinum', 즉 '작은 숫양small ram'에서 변형된 프랑스 단어 '시슈chiche'에서 유래했다.

병아리콩의 또 다른 이름인 가르반조garbanzo라는 단어에 대해서는 명확한 기원이 없다. 어떤 사람들은 바스크어 '가라우garau', 또 어떤 사람들은 그리스어 '에레빈토스erébinthos'가 그 기원이라고 말한다. 어떤 사람들은 고대 스페인어 '아르방코arvanco'가 기원이라고 하는데, 이 단어는 영국에 처음 소개되면서 '가반스garvance'로 바뀌었다가,

후에 '콩'을 총칭하는 '칼라반스calavance'로 다시 바뀌었다. 병아리콩은 벵갈녹두Bengal gram, 이집트 완두콩, 차나chana, 촐레chole라고도 불린다.

인류는 7500년도 더 전(아마도 1만1000년 전)부터 터키 남부에서 병아리콩을 처음 먹기 시작한 것으로 보인다. 예리코Jericho와 차외뉘Çayönü 유적지 발굴 과정 중에 확인된 병아리콩의 유적은 토기 사용 이전 시대의 것이었다. 이 말은

인도 마라하슈트라의 병아리콩 농장(©Albert Deccan)

사람들이 토기를 사용하기 이전부터 병아리콩을 먹었다는 이야기다!

현재 병아리콩은 아시아, 호주, 캐나다, 유럽, 멕시코, 남아메리카, 북아프리카, 중동, 미국(캘리포니아, 아이다호, 몬태나, 노스다코타, 워싱턴), 인도 마하라슈트라에서 재배되고 있다. 미국에서 소비되는 병아리콩의 약 3분의 2는 현지에서 재배된다. 병아리콩 중에는 붉은 병아리콩, 푸른 병아리콩, 검은 병아리콩도 있다. 흔치 않은 품종인 검은 병아리콩은 이탈리아 남부의 풀리아주에서 주로 자란다.

병아리콩은 생각보다 강인하지 않다

병아리콩의 종류가 꽤 다양한 것 같아도, 인간이 재배를 시작한 이후 재배 품종의 유전적 다양성은 크게 감소했다(클래리스 J. 코인Clarice J. Coyne, 미국 농무부). 재배를 시작하면서 인간은 씨앗을 식물 자체에 보관하는 것을 중요하게 여겨 그러한 특징으로 병아리콩을 골라 키웠고, 덕분에 손쉽게 병아리콩을 기를 수 있었다. 하지만 불행히도 이러한 선별 과정은 병아리콩의 적응력을 떨어뜨렸고 기후변화에 더욱 민감하게 만들었다.

아보카도가 열매를 맺기 위해 너무 많은 물을 쓴다고 생각했다면, 병아리콩은 아보카도보다 온스당 8배나 많은 물을 쓰고, 생존과 꼬투리 생성을 위해 끊임없이 습한 토양을 필요로 한다. 게다가 병아리콩이 자라는 데는 아주 오랜 시간이 걸리는 탓에 흙의 수분을 계속해서 유지해주는 일이 쉽지 않고 비용도 많이 든다. 줄잡아 오늘날 병아리콩 생산량은 전 세계적인 가뭄으로 인해 20세기 생산량의 절반 수준일 것으로 추정된다. 아보카도에 작별 인사를 건네야 한다면, 우리는 같은 이유로 병아리콩에도 작별 인사를 하게 될 것이다. 부디 아니길 바라지만.

유전학과 농업이 힘을 합치면 병아리콩을 지킬 수도 있다

현재 병아리콩 게놈의 배열은 이미 밝혀진 상태고, 열과 가뭄, 곤충, 질병에 저항할 수 있는 유전자도 밝혀지기 시작했다. 레바논에 있는 국제건조지역농업연구센터ICARDA의 쉬브 아그라와Shiv Agrawa를 비롯한 농업학자들은 이제 야생종과 원시종으로 눈을 돌려, 살기 어려운 환경에서도 병아

오늘날 병아리콩 생산량은 전 세계적인 가뭄으로 인해 20세기 생산량의 절반 수준일 것으로 추정된다. 아보카도에 작별 인사를 건네야 한다면, 우리는 같은 이유로 병아리콩에도 작별 인사를 하게 될 것이다. 부디 아니길 바라지만.

리콩이 계속해서 잘 자랄 수 있도록 병아리콩 유전자의 조합을 연구 중이다. 또 인도에 있는 국제반건조열대작물연구소ICRISAT의 라지브 바시니Rajeev Varshney 박사와 그의 팀은 병아리콩이 지금보다 훨씬 건조하고 더운 소기후에서도 살아남을 것으로 기대되는 유전자를 확인했다.

비슷하게 오리건대학의 에릭 비숍 폰 베트베르크Eric Bishop von Wettberg 박사 팀도 병아리콩을 재배하면서 생긴 유전적 문제를 비롯해 가혹한 환경에서도 잘 자라는 야생 병아리콩의 특성을 알아내기 위해 터키와 중동의 고원지대에서 채취한 야생 병아리콩과 재배종 병아리콩의 씨앗 및 DNA의 차이를 조사 중이다.

이러한 노력은 전보다 훨씬 많아졌으며, 앞서 언급한 팀들은 45개국에서 채취한 400종이 넘는 야생 병아리콩을 함께 조사하며 병아리콩 재배를 최적화해줄 유전자를 찾아 게놈을 샅샅이 뒤지고 있다. 그러니 병아리콩 애호가 분들은 아그라와 박사와 바시니 박사, 비숍 폰 베트베르크 박사에게 이메일을 보내 그들의 헌신과 노력에 감사 인사를 보내면 어떨까. 과학자들에게 그들의 업적을 알아주는 것만큼 영감을 주는 일은 없을 테니까 말이다.

9장

안 돼! 초콜릿만은 안 돼!

Chocolate

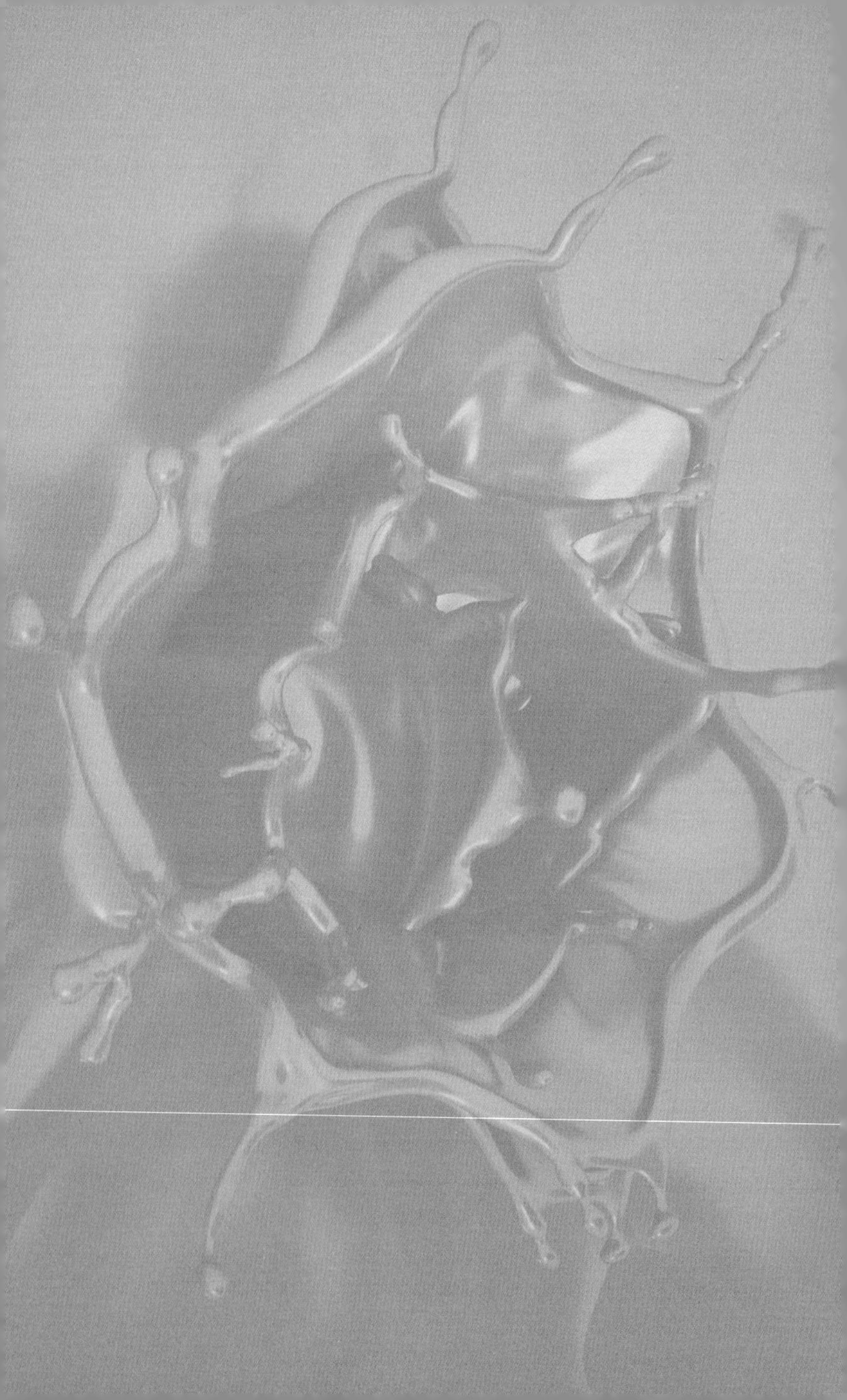

초콜릿이 없는 삶은 어떨까? 이 마법의 먹거리는 모든 음식을 더 맛있게 해줄 뿐만 아니라 모든 사람을 행복하게 해준다. 밀크 초콜릿은 우유와 많은 설탕이 함유되어 있어 건강에 그다지 좋진 않다. 하지만 다크 초콜릿은 설탕이 덜 들어간 대신 섬유질과 철, 구리, 마그네슘, 망간, 칼륨, 인, 셀레늄(항산화 및 면역 효과), 아연, 폴리페놀, 프리바이오틱스, 즉 장 속에서 소화력과 면역력, 뇌 기능(그리고 이 셋의 상호작용)의 최적화에 도움을 주는 좋은 공생균이 가득 들어 있다. 그렇지만 다크 초콜릿이라 해도 꽤 많은 양의 설탕이 들어 있으므로 건강을 위해서는 양을 조절하는 것이 중요하다. 초콜릿이 사라지고 있다고는 믿고 싶지 않다.

인간은 2016년에만 거의 8만 톤에 달하는 초콜릿을 먹었다. 그런데 2030년이 되면 그 양은 세 배가 될 것으로 보인다. 이 계산은 현재 구할 수 있는 초콜릿의 양을 바탕으로 측정한 것이다. 하지만 구입할 수 있는 양이 줄어들고 가격이 치솟으면 소비도 제한될 것이다. 내가 알기로 이러한 요인들은 현재 초콜릿 소비 상황에 반영되어 있지 않다.

누가 어떻게 이 단단한 열매를 깨어서 먹을 생각을 했을까?

잠깐, 초콜릿이 뭘까? 초콜릿은 카카오 열매에서 추출한 먹을 수 있는 물질을 일컫는데, 이 이름은 아즈텍족이 약효 성분이 함유된 쓴 카카오 음료를 '쇼코아틀xocoatl'이라고 부른 것에서 유래한다. 카카오나무는 라틴어로 '테오브로마 카카오Theobroma cacao'라고 하며, 이는 '신들의 음식'을 의미한다.

카카오 열매는 우리가 음식으로 먹기 전에는 지불 수단으로 사용되었다. 그러다가 음료 형태로 먹기 시작하면서 음식으로서의 방대한 역사가 시작되었다. '코코아'(카카오와 헷갈리지 말 것)라고 불리는 가루 형태의 초콜릿은 1828년 네덜란드에서 시작된 것으로, 카카오 열매를 볶아 가루로 만들어 판매된다.

멕시코의 한 농장에서 직접 구운 카카오 열매(©AlejandroLinaresGarcia)

프랑수아 루이 까이에Francois Louis Cailler는 지역 축제에서 처음 이탈리아 초콜릿을 맛보고 난 뒤, 토리노에서 4년 동안 고체 형태의 초콜릿 제조법을 완성해 1819년 스위스에 최초의 고형 초콜릿 공장 중 하나를 설립했다. 1875년 까이에(초콜릿 브랜드)는 다니엘 피터Daniel Peter와 협력하여 초콜릿에 연유를 첨가해 최초의 밀크 초콜릿을 탄생시켰고, 이후 10년간 빠르게 상업화를 이어갔다. 헤이즐넛 초콜릿은 까이에와 피터가 샤를-아메데 콜러Charles-Amedee Kohler

와 손잡고 스위스 초콜릿 회사인 '피터-까이에-콜러Peter-Cailler-Kohler'를 만들면서 이들 제품에 추가되었고, 이후 회사는 1929년 네슬레에 매각되었다(네슬레는 1904년에 수출 판매권을 얻어 이 초콜릿을 처음 판매할 수 있었다). 헨리 네슬레Henri Nestle는 연유 분말을 만드는 과정에 대한 특허를 낸 후 액상 연유를 분유로 교체해 밀크 초콜릿 생산 공정을 크게 간소화했다.

비는 초콜릿을 만들고,
초콜릿은 비 오는 날을 바꿀 수 있다

초콜릿 바를 한 개 만드는 데는 약 450갤런(약 1700L, 욕조 10개를 채우는 물의 양)의 물이 필요한 것으로 추정된다. 물은 초콜릿 가공 단계에서는 거의 필요하지 않다. 물은 대부분 살아 있는 카카오나무에 필요하다. 극한 더위 속에서만 자랄 수 있는 카카오나무는 더위를 견딜 수 있는 충분한 물 또한 필요하다.

더위와 물이 균형을 이루는 기후는 흔치 않은데, 적도의 북위와 남위 20도 이내(약 2300km에 해당하는 범위)에 분포해 있는 이 소기후는 앞으로 약 50년 뒤면 모두 사라질 것이라고 한다(미국 국립해양대기청).

현재 전 세계적으로 소비되는 초콜릿의 절반 이상이 코트디부아르와 가나, 이 두 나라에서 생산되고 있다. '기후변화에 관한 정부간 협의체Intergovernmental Panel on Climate Change, IPCC'는 서아프리카가 앞으로 극심한 기후변화를 겪게 될 것이라는 전망을 내놓았다. 향후 수십 년 이내에 이 지역의 카카오나무 숲은 강우량이 급격히 감소하고, 주위 온도도 4도가량 상승하게 될 것이라고 내다봤다.

별일 아닌 것처럼 보일 수 있지만, 이러한 기후변화는 토양과 카카오나무 뿌리에 머무는 물을 사라지게 만들어 근본적으로 이들을 말라 죽일 수 있다. IPCC의 예측에 따르면, 카카오나무 숲은 2050년이 되면 지금의 10%만 남게 된다. 고도가 높은 곳으로 이동하면 기온 상승의 영향을 어느 정도 피할 수 있겠지만, 높은 곳에는 흙이 적고 돌이 많기 때문에 코트디부아르나 가나의 산지에서 카카오 재배에 적합한 땅을 찾기란 매우 어려울 것이다. 높은 지형으로 달아나는 데는 한계가 있다는 말이다.

IPCC는 서아프리카가 앞으로 극심한 기후변화를 겪게 될 것이라는 전망을 내놓았다. 향후 수십 년 이내에 이 지역의 카카오나무 숲은 강우량이 급격히 감소하고, 주위 온도도 4도가량 상승하게 될 것이라고 내다봤다.

인간만이 유일하게 초콜릿을 맛보는 것은 아니다

더위와 물 사이의 균형을 해결하는 일 말고도, 카카오나무는 유전적 변이가 충분히 일어나지 않는다는 숙제도 남아 있다. 그 때문에 카카오나무들은 무수한 병원균에 충분한 면역 반응을 일으키지 못해 전염병에 걸리기가 더 쉬워질 것이다.

현재 두 곰팡이가 카카오나무에 큰 피해를 주고 있는데, 크리니펠리스 페르니시오사Crinipellis perniciosa 곰팡이가 일으킨 빗자루병은 1990년대 초에 브라질 카카오나무의 80%를 파괴했다. 또 한때 남아메리카의 북서 지역에서만 보였던 서리꼬투리썩음병도 지금은 남아메리카와 중앙아메리카에 광범위하게 퍼진 상태다. 서리꼬투리썩음병에 걸리면 카카오 열매는 안쪽부터 바깥쪽으로 썩고 보통 80%는 죽게 된다. 이제 빗자루병과 서리꼬투리썩음병은 모두 아프리카로까지 퍼질 태세다.

이 곰팡이들과 (3, 5, 10, 13, 14, 15장에서 언급한) 다른 곰팡이들은 자라고 번식하는 데 습기를 필요로 하지만, 가뭄과 바람을 이용해 새로운 땅으로 곰팡이 포자를 퍼뜨리기 때문에 보다 변덕스러워진 지구에서도 자신들의 서식지를 더욱

넓힐 수 있다. 한마디로 기후변화는 곰팡이가 서식지를 손쉽게 넓혀갈 수 있는 정확한 종류의 날씨 패턴을 만들어내고 있다.

그렇다면 초콜릿을 어떻게 지켜야 할까?

현재 과학자들은 초콜릿의 멸종이 인간의 건강과 삶의 질에 부정적인 영향을 끼칠 것으로 내다보고, 카카오나무 서식지가 전보다 더 무덥고 건조해져도 이들이 원래 살던 곳에서 잘 살 수 있도록 나무의 유전자를 수정하는 최첨단 유전적 방법(크리스퍼CRISPR, 유전자 가위 기술)을 연구 중에 있다(영국 〈비즈니스 인사이더〉, 에린 브로드윈Erin Brodwin의 기사, 2017년).

크리스퍼 유전자 기술의 개발자 중 한 명인 제니퍼 다우드나Jennifer Doudna 박사는 독일 막스플랑크연구소Max Planck Institute의 에마뉘엘 샤르팡티에Emmanuelle Charpentier 박사와 함께 혁신유전체연구소Innovative Genomics Institute라는 버클리 캘리포니아대학 연구실에서 식물 개량에 활발히 참여하고 있다. 다우드나 박사는 또한 자신의 회사인 카리부바이오사이언스Caribou Biosciences를 통해, 세계적인 농업 생산성 향상이 목표인 듀폰 파이오니어DuPont Pioneer를 지원하는 거대 화학기업 듀폰(초거대 화학기업인 다우듀폰DowDuPont의 일부)에 자신의 기술을 제공하기도 했다.

다른 민간 기업들도 저마다 자기 몫을 하고 있다. 연 매출 규모 350억 달러에 달하는 기업 마즈Mars는 혁신유전체연구소의 조명제 씨와 함께 카카오나무 질병 관리와 질병에 강한 카카오나무 개발을 연구 중이다. 또한 마즈는 2050년까지 자사의 탄소 배출량을 최소 60%까지 줄이기 위해 내부에서 진행하는 '세대의 지속 가능성Sustainability in a Generation' 캠페인에 10억 달러를 별도로 투자하는 등 환경 보호에도 힘쓰고 있다.

많은 사람들이 카카오나무를 구하기 위해 이 모든 노력을 하고 있으니 희망을 잃지 말자. 이 책에서 아마도 이 질문이 가장 중요한 것 같아 다시 한번 묻고자 한다.

'초콜릿이 없는 삶은 어떨까?'

10장

커피 한잔 없이 어떻게 하루를 시작할까?

Coffee

> 최근 미국 의학협회 저널에 실린 한 연구에서 국립암연구소의 연구원들은 사람이 하루에 마시는 커피의 양과 건강 상태 간의 상관관계를 조사했다. 사람의 신체 건강은 10년 후에 재평가되었는데, 나는 하루에 커피 세 잔을 마시면 심장마비에 걸릴 확률도 높아질 거라 생각했다. 하지만 틀렸다. 이 연구는 매일 두세 잔의 커피를 마시는 사람들이 실제로 더 오래 산다는 결과를 보여주었다!

커피에는 판토텐산(비타민 B5, 음식이 에너지로 변하는 것을 도움), 리보플래빈, 니아신(니코틴산), 티아민, 마그네슘, 망간, 칼륨이 들어 있다. 아마도 가장 중요한 것은, 1980년대 식약청이 약물로 규정한 카페인이 커피에 들어 있다는 사실일 것이다. 카페인은 우리 뇌에 억제성 신경조절물질인 아데노신의 영향을 감소시키고, 우리를 깨어 있게 하고, 집중하게 하고, 방심하지 않게 하고, 의욕이 넘치게 하는 신경전달물질의 분비를 돕는다.

한편 카페인은 뇌의 혈관 수축(혈관이 좁아지는 일)을 일으키기도 한다. 또 정제된 카페인은 식욕을 떨어뜨리고 대사율을 높이기 때문에 체중 조절 보충제의 핵심 성분으로도 쓰인다. 재미있게도 카페인은 뚱뚱한 사람보다 마른 사람의 몸에서 지방 연소율이 세 배 더 높다고 한다. 즉, 카페인의 대사 효과는 지방 함량과 음의 상관관계에 있다고 할 수 있다(나는 당연히 지방이 많을수록 지방 연소도 더 많이 될 것으로 생각했다).

어쨌든 나는 아침에 활력을 돋우기 위해 반 잔에서 한 잔 정도의 커피가 필요하고, 아침에 커피를 마시지 않으면 대개 오후 늦게까지 머리가 아프다. 커피에 중독된 걸까? 그런 것 같다. 여러분은 어떤가?

누가 어떻게 이 단단한 열매를 볶아서 끓일 생각을 했을까?

이 신비한 커피콩(커피나무 속)의 기원은 에티오피아 고원과 수단의 고대 숲으로 거슬러 올라간다. 커피 재배는 15세기에 수피Sufi(이슬람 신비주의 종파_옮긴이) 성지가 있는 아라비아반도의 예멘 지역에서 시작되었다. 흥미롭게도 당시 사람들 역시 지금과 거의 같은 방식으로 커피를 볶아 끓여 마셨다. 그리고 고작 100년 만에 커피는 자동차나 비행기, 페이스북이나 트위터 없이도 페르시아, 이집트, 터키 전역으로 퍼졌다. 매년 메카를 방문한 순례자들이 커피에 관한 이야기를 고향에 전하면서 커피의 명성은 더욱 멀리 그리고 빠르게 퍼져나갔는데, 이들은 이 새로운 묘약을 '아라비아의 와인'이라 불렀다.

그로부터 100년쯤 뒤, 유럽 전역에 커피 전문점이 눈에

꽃이 핀 브라질 농장의 커피나무(©FCRebelo)

띄기 시작했고, 커피는 아침에 먹는 음료로 맥주와 와인을 대신하게 되었다. 커피라는 단어는 네덜란드어 '코피koffie'를 통해 영어로 '커피coffee'가 되었는데, 그 이전에는 오스만 터키어로 '카베kahve', 아랍어로는 '카와qahwah'라고 불렸다.

오늘날 커피는 전 세계에서 재배되며, 커피를 생산하는 나라는 70개국이 넘는다. 하지만 우리가 소비하는 커피 대부분은 브라질, 베트남, 콜롬비아, 인도네시아, 온두라스에서 재배된다. 가장 대중적인 커피 품종은 아라비카arabica와 로부스타robusta다. 현재 거의 모든 상업용 커피 블렌드는 아라비카 원두로 만들어지고 있다. 로부스타 원두가 아라비카 원두보다 카페인 함량이 높고 가격이 저렴해서 아마도 부당하게 이류 커피라는 평을 얻게 된 것 같다.

커피나무는 가뭄과 기상이변으로 멸종될 위기에 있다

앞에서 말했듯, 커피는 전 세계에서 재배된다. 따라서 우리는 커피가 기후변화의 영향으로부터 비교적 자유로울 거라고 생각한다. 하지만 커피는 앞으로 기후변화에 따라 상황이 어떻게 될지 모르는 작물에 속하며, 현재 야생 커피나무의 60%는 멸종될 위기에 처해 있다.

오늘날 소비되는 전체 커피의 3분의 1과 아라비카 원두의 절반이 브라질에서 재배되고 있다. 브라질은 앞으로 더욱 더워지고 건조해질 텐데, 이러한 기후변화는 커피나무의 건강을 해쳐 생산량을 감소시키는 변수가 될 것이다. 두 번째와 세 번째로 큰 생산지인 중앙아메리카와 동아프리카 역시 사정은 마찬가지다. 국제열대농업센터International Center for Tropical Agriculture, CIAT에 따르면, 세계적으로 커피나무 재배에 적합한 지역은 2050년이 되면 절반으로 줄어들 거라고 한다.

보통 아라비카는 고도가 높은 지역에서 자라며 로부스타와 비교하면 생산량이 적다. 기온이 지금처럼 계속해서 올라가면 아라비카는 기후의 영향을 더 많이 받을 수밖에 없다. 로부스타 또한 크게 변한 기온과 강수량에 더욱 민감하게 반응할 것이다. 2014년만 해도 브라질과 베트남에서 발생한 가뭄으로 커피 생산량이 20%나 감소했다. 같은 해 중앙아메리카의 한층 더 지독했던 날씨는 커피에 녹병균(150년 전 동아프리카에 처음 출현)을 널리 퍼뜨렸는데, 이 곰팡이는 처음에는 잎이 햇빛을 받지 못하도록 방해하다가 콩에

극심한 기상이변이 계속되고 악화함에 따라, 중앙아메리카에서 재배되는 모든 커피나무의 40%가 녹병균 하나 때문에 사라질 것으로 예상된다.

접근하면서 잎에 구멍을 뚫어 결국에는 커피나무 전체를 파괴했다고 한다.

극심한 기상이변이 계속되고 악화됨에 따라, 중앙아메리카에서 재배되는 모든 커피나무의 40%가 녹병균 하나 때문에 사라질 것으로 예상된다. 게다가 '커피 천공충'(학명은 하이포테네무스 햄피Hypothenemus hampie)이라는 작고 검은 벌레로 인해 두 커피(아라비카, 로부스타)가 입는 피해도 더욱 심각해질 것이다. 이 벌레는 지구 온도가 올라감에 따라 계속해서 그 수가 늘고 있다. 커피나무에도, 커피를 마시는 사람들에게도 결코 좋은 소식이 아니다.

커피를 잃는다는 것은 이 책에 소개한 다른 어떤 먹거리보다 인류 문명에 더 큰 영향을 끼칠 수 있다. 심지어 단백질 섭취와 건강을 위해 병아리콩에 의지하는 수억 명의 사람들을 고려하더라도 말이다. 중독성이 있는 커피는 지구상의 성인 대다수가 하루를 시작하고 일상의 스트레스를 다룰 수 있게 해준다. 커피가 줄어들고 거기에 카페인 금단 현상과 기후변화로 인한 육체적·사회적·정치적 스트레스까지 더해지면, 이것은 한마디로 재앙이다. 하지만 커피나무를 구하기 위한 인간의 다양한 활동들에서 커피의 미래에 희망은 있다고 생각한다.

오리건주 포틀랜드에 있는 세계커피연구프로그램World Coffee Research Program과 텍사스의 A&M 커피 센터는 중앙아메리카, 멕시코, 푸에르토리코, 남아메리카, 아프리카의 커피 생산자를 지원하기 위해 많은 투자를 하고 있다. 또한 이들은 커피나무의 건강을 개선하고, 곰팡이에 대한 저항력을 키우고, 기후변화 속에서도 지속 가능한 커피 산업을 일구기 위해 유전자 연구도 병행하고 있다. 다시 한번, 유전학자들이 이러한 노력에서 성공할 수 있기를 간절히 바란다.

II장

물고기는 인간과 기후의 공격을 받고 있다

Fish

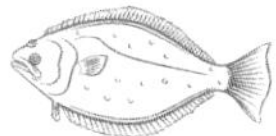

나는 미국 아이들과 같은 아주 전형적인 방식으로 생선을 처음 먹기 시작했다. 어렸을 때는 생선을 빵가루에 묻혀서 튀긴 다음 감자튀김과 함께 케첩이 나오지 않는 한 생선을 먹지 않았다. 요리된 생선을 좋아하기 시작한 것은 좀 더 자라서였다. 또 초밥 맛은 그보다 더 나중에 알게 되었다. 이제 연어롤은 내가 가장 좋아하는 생선 요리가 되었고, 가장 좋아하는 음식 다섯 손가락 안에 든다. 그저 생연어 한 점과 양념된 밥을 종이만큼 얇은 김에 싸서 고추냉이를 탄 간장에 찍어 먹을 뿐인데도 맛있다!

아내는 미국으로 이주하기 전 베트남에서 태어나 그곳에서 4년간 살았다. 어린 시절, 아내가 딱딱한 음식을 먹기 시작하면서부터 생선은 아내의 주요한 식사 메뉴가 되었다. 아내는 자신이 처음 먹은 생선 요리가 고등어구이라고 했지만, 장모님은 아내가 한 살 때 이미 민물고기를 넣고 끓인 죽(어죽)을 맛보았다고 했다. 또 아내의 삼촌은 그녀가 다섯 살 때 어간장을 넣고 졸인 가물치 캐서롤을 해주었다고 했다.

남아시아인들은 거의 모든 요리에 어간장을 넣는다. 어간장은 멸치류에 소금과 물을 넣고 발효시킨 뒤 서서히 눌러서 어육을 거른 액체 조미료다. 백인인 나에게 어간장의 냄새는 무척이나 고역이지만, 맛은 훌륭하다. 그런데 우리가 느끼는 맛의 대부분은 왜 냄새로 정해지는 걸까?

생선은 맛도 좋고 건강에도 좋다

우리가 먹는 생선 대부분에는 건강에 좋은 수많은 미네랄(칼슘, 철, 요오드, 마그네슘, 인, 칼륨, 아연)과 비타민(B2, B6, D)이 들어 있다. 생선이 몸에 좋다고 하는 가장 일반적인 이유는 아마 많은 종류의 생선에 들어 있는 오메가-3 지방산 때문일 것이다. 오메가-3 지방산은 우리 몸에서 항산화 및 항염증 물질 역할을 하는데, 이 수치가 높으면 정신 건강, 관상동맥 건강, 시력, 임신에 좋은 효과가 있다고 한다. 그러나 염증을 조절하는 데는 오메가-3 지방산뿐만 아니라 오메가-6

지방산도 함께 고려되어야 한다.

원시시대에는 인간의 혈액 속 오메가-6와 오메가-3의 비율이 1:1에서 5:1 사이 어디쯤이라고 추정한다. 하지만 현대 서구 문명에서 오메가-6와 오메가-3의 비율은 자그마치 약 10:1에서 30:1에 달한다! 오메가-6의 비율이 이처럼 높아진 이유는 붉은 고기, 정제된 곡물, 설탕, 소금으로 구성된 '서구식 식단'과 관련이 있다. 포유류는 오메가-6를 오메가-3로 변환하는 데 필요한 효소가 부족하다. 소를 빨리 살찌우기 위해 이들의 먹이를 풀에서 곡물로 바꾸면서 소의 오메가-6 비율이 높아졌고, 결과적으로 우리의 식단과 몸에서도 오메가-6 비율이 높아지게 되었다.

오메가-3에 비해 오메가-6의 비율이 높아지면 전신 염증이 증가해 관상동맥성 심장 질환, 뇌졸중, 당뇨병, 유방암 등 다양한 '서구 질환'에 걸리기 쉽다. 그러나 건강한 사람의 몸에서 오메가-6 섭취량이 늘었다고 해서 반드시 염증의 수치도 같이 늘어나는 것은 아니다. 오메가-3와 오메가-6, 그리고 이들과 그리 멀지 않은 친척인 오메가-9 지방산 간의 상호작용과 이들이 인간의 건강과 질병에 끼치는 영향을 명확히 하기 위해서는 앞으로 더 많은 연구가 필요해 보인다.

물고기는 인간과 기후의 공격, 둘 다 견디지 못한다

지난 수십 년간 어업은 환경을 고려하지 않은, 즉 지속 가능하지 않은 관행 때문에 큰 어려움을 겪어왔다. 이러한 나쁜 관행 중 일부는 일의 방법과 관련이 있고, 일부는 너무 많은 물고기를 잡는 남획과 관련이 있다. 미흡한 규정 집행과 너무 적은 조업 금지구역 등 허술한 어업 관리는 대서양 넙치, 참다랑어, 아귀, 갖가지 고래를 비롯한 수많은 어종의 고갈을 불러왔다(그린피스 홈페이지 참조). 그로 인한 부수적인 영향은 북쪽 끝에서도 확인되는데, 이곳에서는 알래스카 해역의 명태 남획 때문에 명태를 주요 먹이로 삼는 북방물개가 이미 멸종 위기에 처했고, 그럼에도 갈수록 그 수가 줄고 있는 형편이라고 한다.

정해진 어업 제한구역을 지키지 않는 해적 어업인과, 남획을 일삼는 사람들로 인해 다음 물고기 세대의 번식력과 개체군 크기는 계속해서 감소하는 추세다. 게다가 '합법적인' 어업회사들이 개발도상국들과 맺은 불공정한 거래는 이들 나라의 해역에서 착취와 남획까지 가능하게 했다. 이 같은 상황에 더해, 새와 돌고래, 바다거북, 상어, 산호를 포함한 죄 없는 구경꾼들마저 나쁜 어업 관행 때문에 죽임을 당하고 있다. 이처럼 어업은 수많은 어려움에 맞서 힘겨운 투쟁을 하는 중이다. 다행인지 불행인지 기후 문제는 아직 바다에 막대한 피해를 주고 있지는 않는 상황이다.

하지만 인간의 에너지 소비 활동으로 바다는 급격히 따뜻해지고 있다. 이러한 문제는 온도를 눈으로 볼 수 없고, 보통은 만져봐야 물이 시원하거나 차갑다는 것을 느낄 수 있으며, 그곳(바닷물 속)에 살지 않는 대부분의 인간에게는 직접적으로 와닿지 않는다. 1960년대를 떠올려보면, 그때도 이미 해양 생물의 약 30%가 사라지고 있다는 내용이 보도된 바 있다.

최근의 조사 결과에 따르면 우리의 미래는 암울하다. 지금 이 문제를 해결하지 않는다면 앞으로 50년 안에 해산물은 모두 사라질 것이다. 이는 새로운 정보가 아니다. 2006년 캐나다 댈하우지대학의 한 연구팀은 과학 잡지에 이와 관련된 주요 논문을 발표하며 기후변화와 생물 다양성의 감소가 해양 건강에 끼치는 해를 경고한 바 있다. 이들은 연구를 통해 해양 생태계의 암울한 미래를 예고했는데, 현재 우리의 생태계는 그들이 옳았음을 실시간으로 증명해주고 있다.

종합적으로 봤을 때 지금 당장 뭔가 극적인 조치를 취하지 않는다면 바다의 건강은 계속해서 급속도로 나빠질 것이다. 만약 바다에 극히 적은 수의 생물만 남게 된다면 바다 생물을 먹이로 삼는 모든 동물들, 예를 들면 물개, 고래, 돌고래, 갈매기, 북극곰, 그 밖의 많은 동물 역시 멸종하고 말 것이다. 이러한 현상은 인간에게도 지대한 영향을 끼칠 것이고, 이를 되돌릴 방법은 없다.

생선이 가득한 뉴질랜드의 어시장

해양 생태계는 엄청나게 오랜 시간에 걸쳐 형성되었다. 생태계는 하루아침에 다시 만들어지지 않는다. 생태계는 서서히 다시 진화해야 한다. 바다 건강을 개선하기 위한 대담한 대책을 세우지 않는다면, 이 글을 읽는 사람들은 바다가 회복을 시작하기도 전에 이미 세상과 등지게 될 것이다.

적응하지 못하는 물고기는 더 쉽게 죽는다

'일반종'으로 불리는 해양 생물은 먹이를 특별히 가리지 않고 다양한 서식지에 적응할 수 있으므로 기후변화의 영향을 되도록 적게 받을 것이다. 반면 이동에 제한이 있고 먹이도 가려서 먹는 '특수종'은 가장 큰 피해를 볼 것이다.

미국 북동부 대륙붕에 사는 82종의 바다 동물을 대상으로 한 국립해양대기청의 연구 결과에 따르면, 이들 가운데 약 17%에 해당하는 바다 동물만이 한시적으로 유리한 환경에 놓여 있는 것으로 추정되며, 여기에는 멸치, 농어, 전갱이, 삼치 등이 포함된다. 그리고 흉상어, 악상어, 샌드타이거상어, 돔발상어 등의 28%는 다소 미미한 위험에 처해 있다고 한다. 하지만 43%는 이미 기후변화의 부정적인 영향을 보여주고 있는데, 여기에는 대서양 대구, 대서양 넙치, 대서양 연어, 대서양 가리비, 진주담치, 동부 굴, 대서양 가자미가 포함되어 있다.

가리비와 연어는 지구 온도 상승에 가장 민감하게 반응하는 동물에 속한다. 잠시 옆길로 새자면, 우리 몸에서는 대사 작용의 일부로 이산화탄소가 생성되며, 인간은 이 이산화탄소가 쌓이지 않도록 숨을 내쉰다. 이산화탄소가 쌓이면 탄산이 형성되어 혈액의 산성도가 높아진다. 다시 원래 이야기로 돌아와서, 대기 중의 이산화탄소 농도와 바닷속의 산성도에도 이와 같은 원리가 적용된다. 대기 중에 이산화탄소가 많아지면 바다에는 탄산이 많아진다. 바다의 산성도가 높아지면 가리비는 껍데기 생성과 움직임에 방해를 받아 포식자에게 더욱 취약해진다. 조개와 굴 같은 다른 조개류들 역시 해양의 산성화에 영향을 받을 수밖에 없다. 이 문제를 그대로 두면 다음 세기가 오기 전에 기후변화가 대다수의 조개류와 산호를 멸종시킨다고 봐도 무리가 없다. 2050년이면 가리비 수확량이 지금의 50% 수준에 머물 것으로 예상된다.

연어는 탁 트인 바다보다 좀 더 작고 따뜻한 강에서 일생의 일부를 보내기 때문에 다른 어종보다 온도에 더 민감하다. 강이 따뜻해질수록 물은 연어들이 숨 쉬는 데 필요한 산소를 덜 함유하게 된다. 또 따뜻한 물은 연어가 기생충과 질병에 더 취약하게 만든다.

현재 미국 북서부 지방에서는 워싱턴주 강과 강어귀의 수온이 상승하면서 적어도 세 종류의 연어(봄 치누크 연어, 여름 무지개송어, 바다송어)가 멸종 위기에 처한 상태라고 한다. 연어와 송어는 같은 연어과 물고기지만, 민물과 바닷물에서 보내는 시간이 서로 다르다. 해양의 산성화는 연어의 먹이가 되는 크릴새우와 익족류라고도 알려진 복족류(연체동물문의 한 가지 분류 단위_옮긴이)에 좋지 않은 영향을 미친다. 게다가 해수면이 상승하면 더 많은 소금물이 내륙으로 밀려 들어와 강과 강어귀의 물이 이루는 균형을 무너뜨리고 연어의 생존마저 위협하고 말 것이다(포토맥강의 물이 워싱턴DC의 타이들 베이슨까지 흘러넘쳐 벚나무 뿌리의 염도가 증가한 현상과 유사하다).

가장 큰 위기에 처한 연어는 아마도 알래스카 브리스틀만 지역의 붉은 연어일 것이다. 다른 연어 종과 달리 이 가여운 물고기가 사는 곳은, 한쪽 편에는 북태평양에 형성된 따뜻한 바닷물인 '블롭blob'이, 다른 한쪽 편에는 육지가 맞

강이 따뜻해질수록 물은 연어들이 숨 쉬는 데 필요한 산소를 덜 함유하게 된다. 또 따뜻한 물은 연어가 기생충과 질병에 더 취약하게 만든다.

닿아 있다. 블롭은 이동해 다니는 고온 해역으로, 이곳의 물은 다른 곳보다 최대 7도 정도 더 따뜻하다. 블롭은 2013년에 처음 발견되었는데, 워싱턴대학과 국립해양대기청이 지원하는 대기 및 해양 공동 연구소(워싱턴주 시애틀 소재)의 기상학자 닉 본드Nick Bond가 그 이름을 붙였다.

붉은 연어는 바다 깊은 곳에서 찬물이 올라와 주변 온도가 서늘해지는 연안 용승 해역에 산다. 하지만 블롭과 해변은 모두 이 지역보다 따뜻하다. 연어는 산란기가 되었을 때 기온을 중요한 항해 신호로 사용하는데, 이 따뜻한 물 때문에 혼란스러워서 상류로 향하는 길을 잘 찾지 못하게 된다. 이외에도 알래스카주 우드틱칙주립공원의 치쿠미눅Chikuminuk 호수에 계획된 수력발전 댐이 건설되고 브리스틀만 상류 지역에 북미 최대의 노천 광산이 생기면 붉은 연어가 자신의 생애 주기를 완성하는 이 섬세한 생태계는 더욱더 위협받게 될 것이다.

지금까지 말한 내용은 연어가 처한 곤경의 몇 가지 사례일 뿐이다. 연어가 가진 모든 문제를 나열하자면 끝이 없는데, 분명한 것은 이 가여운 물고기가 지금 심각한 위기에 처해 있다는 사실이다.

이 물고기의 문제는 간단한 해결책으로 고치기에는 너무 크다

누군가는 연어를 구하기 위해 이들이 살아가고 번식하는 서식지를 파괴하는 행동들(댐과 광산 건설)을 금지시키면 되는 게 아니냐고 생각할지도 모른다. 하지만 문제는 그리 간단하지 않다. 더욱이 이 지역의 강은 이미 심각한 위기 상황에 처해 있다. 그나마 다행인 건 강물이 바닷물보다 다루기가 쉽고, 연어가 번식기에 찾을 수 있는 강 생태계를 보전하기 위해 지금도 많은 사람들이 의미 있는 노력을 기울이고 있다는 사실이다.

그럼에도 이 문제는 너무 광범위해서 단순히 연어를 구하기 위한 특정 계획만으로는 충분치 않다. 좀 더 근본적인 해결을 위해서는 태평양 북서부의 탄소 배출량을 줄이고, 바람과 태양열 같은 지속 가능한 에너지원에 투자하는 등 기후변화 억제를 위한 지역적이고도 전 세계적인 약속 이행에 관한 이야기를 지금이라도 빠르게 이어나가야 한다.

12장

꿀이 사라지면 곰돌이 푸는 무얼 먹을까?

Honey

꿀에는 섬유질이나 지방이 없다. 꿀은 대부분 과당과 포도당 그리고 소량의 엿당과 자당으로 이루어져 있다. 꿀은 주로 꿀벌이 꽃의 꿀을 빤 다음 되새김질하면서 만들어진다. 그렇다, 꿀은 꿀벌의 토사물이다. 꿀벌이 삼킨 꿀은 꿀벌의 장 안에 있는 효소와 섞이며 당 구조가 바뀐다. 예를 들어 자당 효소는 자당과 같은 복합당(이당류)을 과당과 포도당 같은 단순당(단당류)으로 분해한다. 과당과 포도당은 자당보다 훨씬 단맛이 난다. 또 되새김질을 하면 꿀 속의 수분이 증발해 꿀이 더욱 진해진다.

멜리Meli는 꿀을 뜻하는 그리스어에서 나온 말이다(하지만 단맛이 나는 것이면 어디에든 쓰일 수 있다). '멜론'이라는 이름은 이 단어에서 파생했다. 또 '멜리사Melissa'는 대략 번역하자면 꿀벌을 의미한다. 내 누이의 개 골든 리트리버가

'멜리'라는 이름을 얻게 된 것도 꿀색 털과 순한 기질 때문이다.

꿀은 설탕 그 이상이다

우리가 먹는 꿀 대부분은 인간이 만든 벌집에서 벌을 기르는 양봉가가 수확한 것이다. 야생 벌집에서는 이보다 적은 양의 꿀이 수확된다. 건강 면에서 보자면, 가공되지 않은 꿀에는 항산화 물질로 작용하는 유기산과 페놀 화합물이 함유되어 있다. 꿀에서 발견되는 이러한 성분은 항산화 능력을 높인다고 알려져 있다.

항산화 특성이 입증된 유기산에는 아세트산(식초), 낙산, 구연산(비타민 C), 포름산, 글루콘산, 젖산, 말산, 피로글루탐산, 숙신산 등이 있다. 항산화 효과가 있는 꿀의 페놀 화합물은 주로 플라보노이드로, 이 식물 색소는 대개 주황색, 빨간색, 파란색을 띤다. 또한 꿀은 항생작용을 하는 성질을 갖고 있어서 포도상구균 감염증(황색 포도상구균에 의한 기침 감기와 피부 감염)을 일으키는 박테리아를 죽이는 것으로도 알려져 있다.

꿀을 많이 먹을 때 가장 걱정되는 것이 당인데, 같은 양을 비교하면 꿀이 정제된 설탕보다 훨씬 건강에 낫다. 왜냐하면 꿀은 위를 통과해 꿀이 흡수되는 소장까지 가는 데 설탕보다 더 많은 시간이 걸리고, 혈당지수도 낮기 때문이다(약 45~65). 하지만 꿀은 메틸글리옥살 성분 때문에 당뇨 환자에게 적절한 설탕 대체재는 되지 못한다. 메틸글리옥살은 저밀도의 지질('나쁜' 콜레스테롤을 생각해보라)을 세포 표면에 더욱 쉽게 축적되도록 관여해 잠재적으로 당뇨병 환자들의 심혈관 질환과 신경증을 악화시킨다.

야생 벌집에서 최초로 꿀을 수확한 사람은 누구였을까?

인간이 정확히 언제부터 꿀을 먹기 시작했는지는 확실하지 않다. 전문가 중에는 꿀의 기원이 남아시아라는 사람도 있고 아프리카라는 사람도 있다.

지금의 미얀마에서 1억 년 된 꿀벌이 호박 광물에 갇힌 채 발견된 적이 있다. 스페인 발렌시아주 비코프Bicorp에 있는 거미동굴Cuevas de la Araña의 8000년 된 동굴벽화에도 나무에 올라 야생 벌집에서 꿀을 따는 사람의 그림이 그려져

꿀을 채집하는 여성이 그려진 스페인 비코프 거미동굴 벽화

있다. 또 꿀은 적어도 4000년은 된 고대 인도의 베다 경전과 아유르베다 경전(대체의학서)에도 언급되어 있다. 실제 꿀의 유적을 기준으로 하면, 인간이 최초로 꿀을 먹기 시작한 것은 약 5000년 전 유럽과 아시아의 국경에 있는 조지아로 거슬러 올라간다. 조지아는 고대 무덤 발굴 중 찾아낸 토기에서 꿀의 흔적이 발견된 곳이다.

꿀은 피부 상처와 발진을 치료하는 국소 치료제로도 쓰였으며, 완전히 굳은 뒤에는 부적(초자연적 힘을 지닌 보석이나 장식물)으로도 사용했다. 고대 그리스 문화에서는 올림포스의 열두 신이 먹는 음식에 꿀이 있었다고 전해진다. 고대 그리스(약 2600년 전) 사회에서는 사람들이 벌을 너무 많이 길러서 벌집 간의 거리를 100m는 떨어뜨려놓아야 한다는 사회적 거리 두기 법이 통과되기도 했다.

힌두교 성직자들은 힌두교 신에 대한 종교의식인 '마두 아비셰카madhu abhisheka'를 치를 때 기도문을 읊으며 신의 상징물 위에 제물로 꿀(힌디어로 '마두madhu')을 부었다. 꿀은 힌두교도의 삶에서 다섯 가지 영약 중 하나로 여겨진다. 구약성서에서도 꿀은 주님께 바치는 제물과 약속된 땅의 상징으로 수없이 언급된다.

벌의 멸종 위기는 새로운 문제가 아니다

이 장은 꿀(냠냠!)에 관한 장이지만, 벌이 꿀을 만들어내므로 벌에 관한 장이기도 하다. 꿀벌의 감소가 꿀에 미치는 영향에 대해 본격적으로 알아보기 전에, 이보다 더 큰 문제는 우리의 식물성 먹거리를 수분시키는 모든 종류의 벌이 전반적으로 줄어들고 있다는 사실이다.

식물은 육체적으로 친밀한 관계를 맺기 전에 포옹이나 키스 등의 행위를 하지 않는다. 식물의 수정을 위해서는 누군가가 수그루의 수술에서 꽃가루(종자)를 씨방이 있는 암그루의 암술 잎으로 옮겨야 한다. 벌은 지구상의 어떤 동물보다 이 일을 잘한다(벌보다 덜하기는 하지만, 일부 벌레들과 새, 포유류도 꽃가루 매개자 역할을 한다). 벌은 전 세계 식물의 80%를 수분시키는 주요한 꽃가루 매개자다. 적게 잡아도 벌은 우리가 먹는 상업용 채소, 곡물, 과일의 약 35%를 만들어내는 농작물을 수분시킨다. 우리는 절대로 벌을 잃어선 안 된다!

벌들은 최근 약 10년 동안 기록적인 속도로 죽어갔는데, 이들에게 가장 위협이 되는 것은 급속히 퍼지는 기생충, 재배 작물의 영양분 감소와 단일경작 농법으로 인한 먹이 질의 저하, 그리고 벌들을 모조리 죽이거나 비행 능력을 앗아가는 인공 화학물질(대부분 네오니코티노이드 살충제)이다. 참고로 나는 아직 기후변화의 영향은 언급도 하지 않았다. 실제로 기후변화가 벌에 미치는 영향은 이러한 비교적 최근의 문제들(전염병, 제한된 영양분, 중독)보다 더 중요하다.

미국과 유럽에 있는 벌 서식지의 남쪽 경계는 해마다 약 8km씩 줄어들고 있으며, 1970년대 이후 북쪽으로 약 320km 이동했다. 중요한 것은, 벌이 사는 지역의 북쪽 경계는 북쪽으로 더 이동하지 않았다는 사실이다. 여기에는 줄

벌들은 약 10년 동안 기록적인 속도로 죽어갔는데, 이들에게 가장 위협이 되는 것은 급속히 퍼지는 기생충, 재배 작물의 영양분 감소와 단일경작 농법으로 인한 먹이 질의 저하, 그리고 벌들을 모조리 죽이거나 비행 능력을 앗아가는 인공 화학물질이다.

어드는 일조시간과 먹이의 양, 소규모 집단에 한정된 구역 확장 등의 요인이 작용했을 것이다. 이러한 영토 압박의 결과 벌의 서식지는 반세기 동안 끊임없이 줄어들고 있다.

서식지 감소 외에도 많은 야생 꽃과 재배 꽃식물이 기후변화로 일찍 꽃을 피우자, 생태학자들은 꽃가루 매개자의 출현 시점과 꽃식물의 수분 준비 시점 사이의 시기를 걱정했다. 노스캐롤라이나대학의 레베카 어윈Rebecca Irwin과 그녀의 팀은 꽃이 피는 시기가 꽃가루 매개자의 행동과 식물 건강에 미치는 영향에 관해 조사했다. 수십 년에 걸쳐 이루어진 장기 연구를 통해 이들은 벌의 건강이 꽃식물의 건강과 직접적인 관련이 있다는 사실을 증명했다. 또한 기후변화로 인해 식물이 이른 봄에 꽃을 피우면 수분을 돕는 벌과 상호작용하는 시간이 길어져 실제로 식물에 도움이 될 수 있다는 사실도 발견했다. 그러나 동시에 이 연구는, 수분이 너무 일찍 이루어지면 식물은 이후에 내리는 서리에 훨씬 취약해지기 때문에 여기에는 대가가 따른다는 사실도 보여주었다. 이는 식물에도, 수분하는 벌에도 문제가 된다.

많은 나라가 벌을 위태롭게 만드는 가장 분명한 원인과 이러한 문제들을 완화할 방법을 찾기 위해 고군분투 중이다. 세계자연기금WWF과 버그라이프Buglife는 서로 손잡고 벌의 개체 수 통계와 건강, 서식지, 그리고 기후변화의 영향과 인간의 행동으로 개선될 수 있는 여러 가지 요인들에 관한 연구를 지원하고 있다. 지금이라도 적절한 조치를 취한다면 벌(특히 꿀벌)과 꿀, 수분이 필요한 모든 식물의 미래에 희망은 있다.

13장

땅콩 없는 삶, 땅콩버터 없는 세상!

Peanut

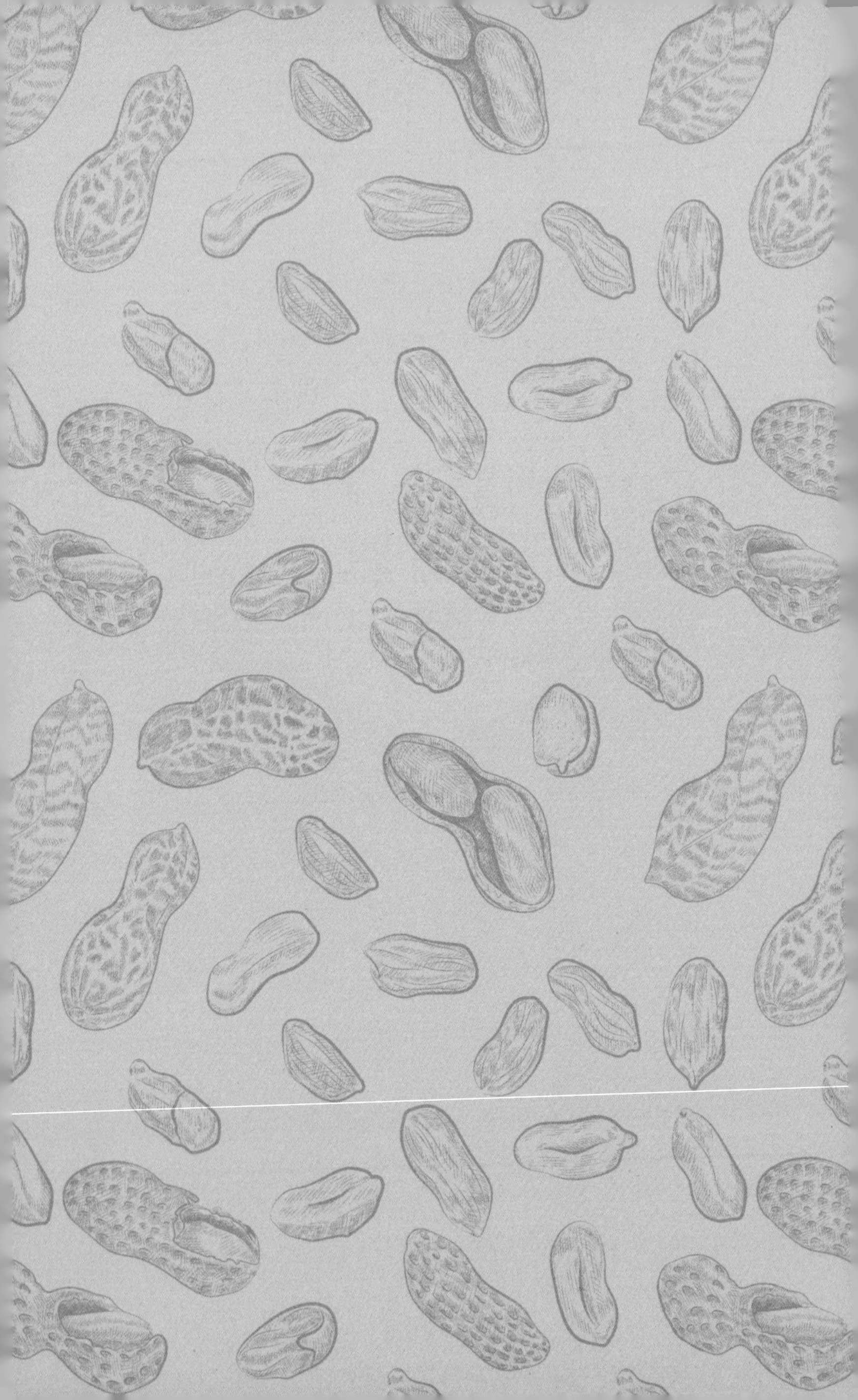

땅콩을 날것으로 먹는 일은 드물다. 우리는 보통 땅콩을 굽거나 소금(간장)에 절이거나 갈아서 땅콩버터로 만든다. 땅콩은 단백질과 섬유질이 풍부하고 탄수화물 함량이 적어서 혈당지수가 낮다. 땅콩에는 콜린, 엽산, 니아신, 판토텐산, 리보플래빈, 티아민, 비타민 B6, 비타민 E가 들어 있으며, 마그네슘, 인, 칼륨, 아연, 철, 구리, 망간, 셀레늄 같은 미네랄도 풍부하게 들어 있다. 또 땅콩에는 포화지방(나쁜 동물성)보다 불포화지방(좋은 식물성)이 훨씬 더 많이 들어 있다.

땅콩에는 많은 기름이 함유되어 있으며, 주로 음식에 쓰이는 땅콩기름을 얻기 위해 재배한다. 건강 면에서 보면, 땅콩에는 우리 몸에 유익한 비오틴이 많이 들어 있다. 하지만 건강에 좋지 않은 면도 있는데, 아라킨과 콘아라킨이라는 성분 때문에 어떤 사람들은 생명을 위협하는 심각한 알레르기 반응을 일으키기도 한다.

미국에서만 해마다 약 7억 톤의 땅콩버터가 소비된다. 이는 한 사람당 1년 동안 섭취하는 땅콩버터의 양이 약 4.6파운드(약 2.1kg)에 해당함을 의미한다. 알레르기가 있는 사람을 제외하고 거의 모든 사람이 땅콩버터를 바른 샌드위치를, 혹은 여기에 잼이나 플러프fluff라는 마시멜로 크림을 얹어 먹는다. 엄지손가락 두 개와 다른 손가락 두 개 그리고 마시멜로를 이용해 마시멜로 크림을 직접 만들 수도 있다. 그냥 계속해서 마시멜로를 꼬집고 당기고 접고 또 꼬집고 당기고 접으면 마침내 태피taffy(설탕, 버터, 땅콩 등을 섞어 만든 무른 사탕_옮긴이)보다 부드러운 질감의 크림이 된다.

다른 이야기를 좀 하자면, 청소년 시절 나는 리세스Reese's 땅콩버터 초콜릿을 매년 3파운드(1.4kg)는 먹었던 것 같다(특히 핼러윈 때). 이제 나는 그때보다 나이가 더 들고 불멸의 존재도 아니기 때문에 사탕(핼러윈 때 먹은 리세스 땅콩버터 초콜릿을 의미함_옮긴이)을 대신해 땅콩버터 샌드위치를 즐겨 먹지만, 그래도 작년에만 땅콩버터를 1파운드(약 453g) 이상은 먹은 것 같다.

여러분은 어떤가?

땅콩의 기원을 정확히 아는 사람은 없다

땅콩에 관한 최초의 고고학적 증거는 페루에서 찾을 수 있는데, 이곳에서 약 7500년 전의 것으로 추정되는 땅콩 꼬투리가 발견되었다. 땅콩은 페루보다 더 습한 곳에서 더 일찍 재배되었을 가능성이 크지만, 페루의 건조한 기후에서 발견된 것과 같은 고고학적 증거는 남아 있지 않은 것으로 보인다. 하지만 콜럼버스가 미 대륙을 발견하기 이전, 남아메리카와 중앙아메리카에 살던 마야족과 모체족Moche 같은 이들이 그림에 그려 넣은 땅콩은 이에 대한 증거가 된다.

땅콩 재배는 탐험가들이 땅콩을 고향으로 가져가면서 남아메리카에서 스페인으로 확산되었다. 그다음으로 스페인에서 동쪽 멀리 아시아까지, 또 남쪽 아프리카까지 땅콩은 여러 방향으로 퍼져나갔다. 그리고 아프리카에서 다시 대서양을 가로질러 미국으로 건너갔다. 이런 식으로 남아메리카에서 북아메리카로 먼 길을 돌아갔다. 땅콩은 현재 전 세계의 열대지방과 아열대지방에서 재배된다.

땅콩은 1904년 미주리주 세인트루이스에서 열린 세계박람회에서 미국인에게 대거 소개되었으며, 두 번의 세계대전을 거치는 동안 중요한 영양 공급원으로 자리매김했다.

수확을 막 끝낸 땅콩

특히 조지 워싱턴 카버George Washington Carver 박사 덕분에 미국 역사에서 특별한 자리를 차지하게 되었다.

카버 박사는 미주리주 다이아몬드에서 노예로 태어났지만, 식물 쪽으로 워낙 재능을 타고나서 어렸을 때 동네 사람들은 그를 '식물 박사'라 부르기도 했다. 그가 미국 농업에 이바지한 주요 업적 중 하나는 토양 침식의 위험성에 대한 인식을 높인 것인데, 이 위험 때문에 그는 목화를 다른 주요 작물로 보충하고 대체해야 한다고 주장했다. 땅콩은 썩으면서 목화가 고갈시킨 땅속 영양분, 특히 질소를 토양으로 돌려보냈기 때문에 사람들 사이에서 최고의 돌려짓기(같은 땅에 여러 가지 농작물을 돌려가며 재배하는 방법_옮긴이) 작물로 주목받았다. 목화 수확량이 치솟자 농부들은 기운이 났다.

또 카버 박사는 대량으로 남겨진 땅콩을 처리하기 위해 급기야 땅콩이 함유된 300여 개의 제품을 만들기에 이르렀다. 이 제품들이 모두 먹는 것은 아니고, 여기에는 땅콩가루, 으깬 소스, 종이, 비누, 면도 크림, 스킨로션 등이 포함되었다. 수확과 껍데기 까는 기계가 등장하면서 땅콩 재배는 1920년 미국 땅콩 연합회가 생길 정도로 빠르게 확산되었다.

21세기에 들어서면서 땅콩 소비는 눈에 띄게 증가했는데, 대체로 껍질을 까지 않은 형태보다는 땅콩버터 형태로 소비되었다. 미국보다 땅콩을 더 많이 먹는 나라는 오직 세 나라(중국, 인도, 나이지리아)뿐이다. 또 오직 두 나라만이 미국, 중국, 인도보다 더 많은 땅콩을 생산한다.

미국에서 재배되는 땅콩의 종류에는 크게 러너Runner, 스패니시Spanish, 발렌시아Valencia, 버지니아Virginia 이렇게 네 가지가 있다. 러너 땅콩은 주로 앨라배마, 플로리다, 조지아에서 재배되며 이들 대다수는 땅콩버터로 제조된다. 스패니시 땅콩은 오클라호마와 텍사스에서 재배된다. 발렌시아 땅콩은 뉴멕시코에서 재배되며, 버지니아 땅콩은 버지니아와 캐롤라이나에서 재배된다.

우리는 지금 그 어느 때보다 많은 땅콩을 먹고 있지만, 기후변화로 인해 땅콩 가공품의 가격은 계속 급상승하고 있다. 2011년에 파운드당 약 2달러였던 땅콩 가격은 현재 30~40%가량이나 오른 상태다.

땅콩은 딱 적당한 조건이 필요한 콩과 작물이다

대부분 콩과 작물의 콩은 땅 위에서 열리지만, 땅콩의 꼬투리(열매)는 땅속에서 자란다. 땅콩은 섬세하고 예민해서 그에 딱 맞는 조건이 필요하다. 건강한 땅콩과 죽은 땅콩 사이의 차이는 그리 크지 않다. 땅콩은 늦겨울 서리에 무척 취약하기 때문에 너무 일찍 심으면 안 된다. 그 밖에도 5개월간 따뜻한 날씨가 지속되어야 하고, 상당한 양의 물, 이를테면 생장기에만 20~40인치(약 500~1000mm)의 물이 공급되어야 한다(수확철이 다가올수록 공급해주어야 하는 물의 양은 차츰 줄어든다).

한편, 땅콩을 심은 토양의 물이 너무 느리게 빠지면 곰팡이가 생길 수 있어 땅콩 수확이 어렵게 된다. 그렇다고 물이 너무 빨리 빠지면 꼬투리가 발아하지 않고, 토양균이 만드는 아플라톡신에 오염될 위험이 높다. 아플라톡신은 많이 먹으면 치명적일 수 있는 독소다.

2011년 심각한 여름 가뭄이 미국 남부와 동남부를 강타했을 때 우려했던 사태가 발생했다. 가뭄으로 인해 많은 콩과 작물이 시들어 죽었고 땅콩은 전혀 열리지 못했다. 이것은 일시적인 현상이 아니다. 땅콩 생산량은 2017년에서 2018년까지 불과 1년 만에 약 70억 파운드(약 3175킬로톤)에서 55억 파운드(약 2500킬로톤)로 감소했다. 적게 잡아도 2030년이면 땅콩 품종의 약 25%는 자취를 감추고 말 것이다. 그리고 2050년이 되면 거의 모든 땅콩이 사라질 것이다.

소금을 치지 않은 땅콩도, 꿀이 첨가된 구운 땅콩도, 캐러멜 팝콘과 땅콩도, 땅콩버터와 잼을 바른 샌드위치도 사라질 것이다. 밀크 초콜릿과 땅콩버터, 설탕이 완벽한 조화를 이루어, 땅콩 과자를 좋아하는 사람이라면 누구라도 마음을 빼앗기고 흡족해할 리세스의 달걀 모양 땅콩버터 초콜릿을 비롯해 모든 리세스의 땅콩버터 초콜릿은 사라지게 될 것이다. 마지막 이 문장을 쓰면서 내 영혼도 살짝 울었다.

2011년 심각한 여름 가뭄이 미국 남부와 동남부를 강타했을 때 우려했던 사태가 발생했다. 가뭄으로 인해 많은 콩과 작물이 시들어 죽었고 땅콩은 전혀 열리지 못했다. 이것은 일시적인 현상이 아니다.

땅콩은 우리에게 탄소 격리를 가르쳐준다

토양 개량제로 숯을 사용하면 땅콩 작물에서 나오는 온실가스(이산화탄소가 아닌 메테인) 배출량은 줄어드는 반면 땅콩 수확량은 늘어나는 것으로 나타났다. 이 토양 개량 방식에서 숯은 '바이오숯'으로 불린다. 바이오숯은 산소가 없는 상태에서 바이오매스biomass(조류, 나무, 풀, 잎, 뿌리 등 에너지원으로 사용되는 다양한 생물체로, 대부분 식물이다_옮긴이)에 열을 가하는 열분해를 통해 만들어지는데, 이렇게 하면 물질이 연소되는 것을 막을 수 있다.

아마존강 유역에서는 바이오매스가 분해되면서 테라프레타terra preta라는 흙이 만들어진다. '검은 흙'이라는 뜻을 가진 이 흙은 바이오숯의 함량이 높고 매우 비옥하다. 일반적으로 바이오숯은 지구 온도에 영향을 끼치지 않으면서 오랫동안 탄소를 저장할 수 있는 땅속으로 공기 중의 탄소를 옮기는 데 중요한 역할을 할 것으로 보인다.

이러한 탄소 저감 기술개발에 현재 머리가 아주 비상한 사람들이 앞장서고 있다. 나사NASA 고다드우주연구소의 전 소장이자 지금은 콜롬비아대학 지구연구소 '기후과학, 인식 및 해결책에 관한 프로그램' 책임자인 제임스 핸슨James

Hansen 박사는 원자력에 대한 더 많은 투자와 더불어 이러한 접근 방식을 강력히 지지해왔다.

제임스 러브록James Lovelock 박사는 전자 포획 검출기를 발명해 프레온가스CFCs가 성층권의 오존층에 미치는 영향에 관해 연구를 가능하게 한 사람이다. 그는 지구온난화에 대한 해답이 이산화탄소를 흡수하는 식물성 먹거리를 더 많이 재배하고, 그 밖에 우리가 먹지 않는 나머지 식물들을 땅에 묻을 수 있는 숯으로 바꾸는 것이라고 생각했다. 러브록 박사는 또한 지구에서 살아 있는 것과 살아 있지 않은 것을 하나의 유기체로 보아야 한다는 '가이아 이론'을 만든 사람이기도 하다. 기후변화는 이러한 가설을 뒷받침한다. 모든 생물은 서로 연결되어 있고 지구의 무생물로 이루어진 부분들에 의존한다.

14장

우리에게 위안을 주는 감자

Potato

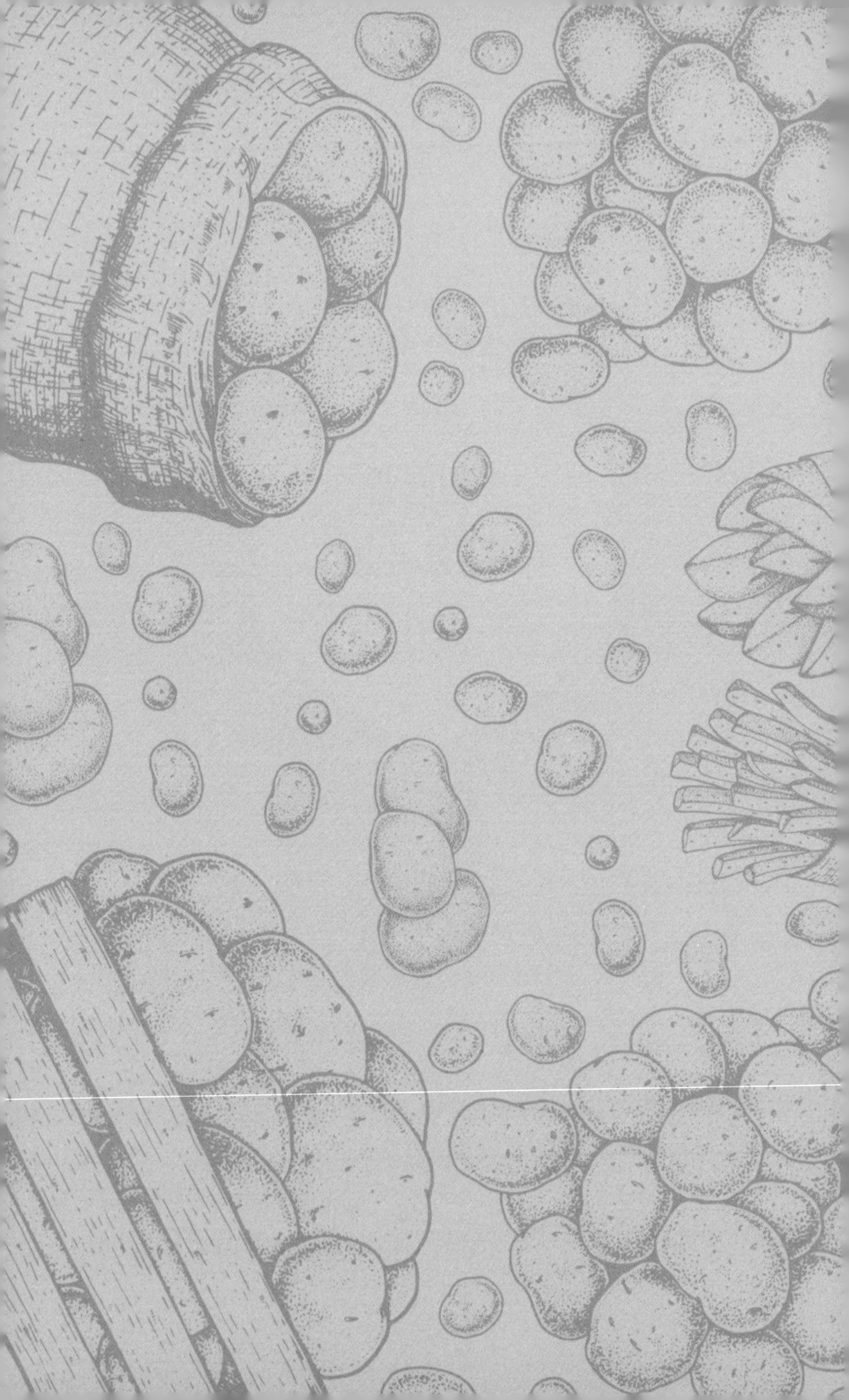

폼드테르pomme de terre, 즉 '땅속의 사과'라 불리는 감자의 학명은 솔라눔 투베로숨Solanum tuberosum이다. 이 책에서 논의된 많은 먹거리와 달리(병아리콩은 제외), 감자는 수많은 사람이 생존을 위해 의존하는 주요 작물이다. 감자에는 에너지원인 녹말만 들어 있는 것이 아니다. 감자에는 비타민 B6, 비타민 C, 엽산, 마그네슘, 망간, 니아신, 인, 칼륨을 비롯한 여러 가지 영양소와 미네랄이 함유되어 있다. 또 꿀과 마찬가지로 카로티노이드, 플라보노이드, 페놀산과 같은 항산화 물질도 함유되어 있다.

감자를 121도 이상으로 가열하면 아크릴아마이드라는 물질이 생긴다. 우리는 보통 프렌치프라이를 162도 이상에서 튀기고, 통감자의 경우는 204도에서 굽는다. 분자생물학 실험실에서 아크릴아마이드는 생물 표본에서 추출 후 크기별로 단백질을 분리하는 데 쓰이는 '폴리아크릴아마이드 겔'의 재료로 쓰인다. 우리 몸에서 아크릴아마이드는 글리시다마이드로 전환되는데, 이 물질은 독성이 있어 발암물질로 작용할 수 있다.

실험을 통해 아크릴아마이드가 암을 일으킬 확률을 높인다는 확실한 증거가 밝혀지면서 1994년 국제암연구소International Agency for Cancer는 아크릴아마이드와 글리시다마이드를 발암 추정 물질로 분류했다. 미국 환경보호청Environmental Protection Agency 역시 아크릴아마이드를 '인간에게 암을 일으킬 가능성이 있는' 물질로, 미국 국립독성프로그램National Toxicology Program은 '인간에게 암을 일으킬 것으로 상당히 예상되는' 물질로 분류했다.

하지만 감자를 냉장고에 보관하지 않고, 조리 전에 감자를 잘라 차가운 물에 최소 30분간 담가두면 아크릴아마이드가 생기는 것을 막을 수 있다. 어차피 양질의 감자튀김과 감자 칩을 만들려면 튀기기 전에 두어 시간 물에 담가두는 게 좋다. 집에서 감자튀김을 만들 때도 이렇게 하면 된다. 게다가 감자는 121도 이하에서도 잘 튀겨지고 구워진다.

감자는 모든 구근식물의 조상이다

감자를 최초로 재배한 사람은 페루와 볼리비아의 잉카 인디언들로, 때는 무려 약 1만 년 전으로 거슬러 올라간다! 감자는 내가 조사한 먹거리 중 가장 오래전부터 재배되어온 채소다. 감자를 매우 귀하게 여기고 중요시했던 잉카인들은 도자기와 음식을 담는 통에 감자를 그려 넣기도 했다. 이 중에는 인간과 감자가 합쳐진 모양을 한 최초의 '미스터 포테이토 헤드Mr.Potato Head'(머리가 감자 모양으로 된 미국 장난감 중 하나_옮긴이)라 할 만한 그림도 있다(좀 기괴하긴 하다!).

안데스 고원에서 재배된 감자는 잉카인의 주요 에너지원이었다. 이들은 지금의 우리처럼 감자를 굽고 으깨는 등 다양한 방법으로 조리했다. 잉카인들은 감자를 더 부드럽고 맛있게 먹기 위해 얼렸다 녹이기를 반복했고, 이러한 감자를 추뇨chuño라고 불렀다. 정말 지혜롭다! 또 저장 기간을 늘리기 위해 감자를 말렸다가 스튜에 넣어 먹기도 했다. 감자는 보존이 잘되지 않는 탓에 페루의 앙콘Ancón에서 발견된 최초의 고고학적 증거는 약 4000년밖에 되지 않는다.

감자와 옥수수는 1500년대 후반 스페인 선원들이 고향으로 긴 항해를 떠날 때 배에 식량으로 실으면서 남아메리카에서 유럽으로 전해졌다. 그때 먹고 남은 감자를 유럽 땅에 심었다. 1589년 아일랜드에서 감자를 재배한 최초의 유럽인은 월터 롤리 경Sir Walter Raleigh인 것으로 전해진다. 남아메리카로 건너간 유럽인들은 처음에는 감자를 원주민만 먹는 음식으로 보고 먹지 않았다. 유럽의 상류층 또한 1600년대에 들어설 때까지 감자를 노동자 계층이 먹는 음식으로 여기고 감자를 기피했다. 그러다 점차 감자는 인종과 계층에 상관없이 거의 모든 사람의 주식이 되었다. 일례로, 아일랜드에서 감자 농사가 시작된 덕분에 아일랜드는 '맬서스의 덫Malthusian trap'(인구가 너무 많아져서 먹을 수 있는

감자를 수확하는 잉카인들을 묘사한 그림(1615)

식량이 부족하게 되는 상황)을 피할 수 있었고, 아일랜드 인구도 수백만까지 증가할 수 있었다.

생계에 감자가 얼마나 중요한지를 가장 잘 보여주는 사례로는, 1845년에 시작해 1849년에 끝난 그 유명한 아일랜드의 감자 기근을 들 수 있다. 이 기근은 감자에 사상균이 퍼지면서 발생했다. '감자 역병' 혹은 '감자 잎마름병'으로 알려진 이 병은 감자의 줄기와 잎을 상하게 하고 땅속의 덩이줄기를 썩게 했다.

감자는 재배하는 데 그렇게 까다롭지 않기 때문에, 1800년대 초에는 서아일랜드의 농부들도 감자를 재배했다. 감자는 아일랜드 기후에서 잘 자랐고, 풍부한 에너지와 영양분을 제공했다. 그 결과, 소작농의 약 50%가 생존을 위해 감자에 거의 완전히 의존하게 되었다. 자연스레 아일랜드 농부들은 가장 튼튼한 감자 두 종만을 기르며 작물의 유전적 변이성을 감소시켰는데, 감자 전체를 질병에 취약하게 만듦으로써 자신도 모르는 새 스스로에게 해를 입힌 셈이다. 이후 감자 잎마름병이 북아메리카에서 들어오자 아일랜드의 모든 감자가 시들어 죽고, 나라 전체가 아수라장이 되고 말았다.

아일랜드에서 기존에 생산되던 식량은 현지인들이 사

기에는 값이 너무 비싸 대부분 다른 나라로 팔렸기 때문에 식량 상황은 더욱 심각해졌다. 게다가 농민이나 노동자를 위한 실업수당이나 혜택도 전혀 마련되어 있지 않았다. 심지어 영국 정부는 굶주림을 막기 위해 저장 곡물을 나눠주거나 보다 싼 곡물을 미국에서 아일랜드로 수입하는 등의 최소한의 노력도 하지 않았다. 영국 지주들에게 철저히 복종했던 아일랜드인들은 어떤 반란이나 폭동도 일으키지 않았다.

아일랜드는 7년 사이에 전체 인구의 약 25%에 해당하는 200만 명을 잃었는데, 이 불행한 영혼들 중 절반은 굶어 죽은 것으로 추정된다. 1921년 아일랜드가 영국에서 독립했을 때, 아일랜드 인구는 1840년대 초의 절반 수준으로 줄어든 상태였기 때문에 기근으로 인한 영향은 장기적으로 계속되었다.

감자는 서늘하고 축축한 땅을 좋아한다

페루만 봐도 감자는 2500종이 넘는다. 하지만 농부들은 점점 따뜻해진 기후 때문에 감자 재배에 적합한 땅을 잃어가고 있다. 30년 전 해발 850m에서 1km 사이에서 재배되던

작물 재배를 위해 높은 곳으로 올라갈수록 비옥한 땅에서 메마른 암반으로 환경만 바뀔 뿐이다. 즉, 따뜻한 기후를 피해 고도를 조정하는 것에는 한계가 있다.

감자는 이제 더는 이곳에서 자라지 못하고, 해발 1.2km는 돼야 재배가 가능하다(리노 로아이자Lino Loaiza, 자연 및 지속 가능한 발전을 위한 협회Association for Nature and Sustainable Development, ANDES). 하지만 작물 재배를 위해 높은 곳으로 올라갈수록 비옥한 땅에서 메마른 암반으로 환경만 바뀔 뿐이다. 즉, 따뜻한 기후를 피해 고도를 조정하는 것에는 한계가 있다.

페루의 농부들은 현재 과학자들과 공동으로 기온 상승, 질병과 곤충에 대한 취약성, 더 악화된 강수량이 감자에 미치는 영향에 관해 연구하고, 기후변화에 적응할 수 있는 품종을 찾기 위해 노력 중이다. 페루 리마의 국제감자센터IPC는 감자 유전자은행을 만들어 세계 감자의 약 70%를 복제했다. IPC는 또한 각기 다른 나라의 농부들에게 다양한 품종의 감자를 보내 다양한 환경에서 기르게 한 다음, 그 결과를 자신들에게 알리도록 하고 있다.

정말 좋은 생각이다! 이러한 노력이 계속된다면 세계 각지의 환경에 맞는 감자가 재배될 수 있을 것이다. 하지만 외부에서 아무런 노력도 하지 않는다면 2050년까지 감자 종의 약 25%가 멸종할 것이다. 그 이후에는 감자칩도, 감자튀김도, 구운 감자도, 볶은 감자도 맛볼 수 없게 된다.

15장

와인 한잔 없이 어떻게 하루를 마무리할까?

Wine

와인은 주류계의 '벨기에 초콜릿'이라고 할 수 있다. 적당량의 와인은 건강에도 좋고, 심리적 안정감을 주며, 어쩌면 수명 연장에도 도움이 된다. 육체적 건강 면에서 보면, 와인에는 항산화 물질과 항염증 물질이 모두 들어 있다. 이 책에 등장한 다른 과일과 채소와 비교해 봐도 와인에는 비교적 다량의 타닌(폴리페놀 항산화 물질)이 함유되어 있고, 식물의 면역 물질 중 하나인 레스베라트롤(항산화 및 항염증 물질)도 소량 함유되어 있다.

사람에게 항염증 물질 중 하나인 레스베라트롤의 효능은 여전히 논쟁의 여지가 있지만, 제약회사들은 실질적인 활성 작용을 보여주는 레스베라트롤의 형태를 만들기 위해 많은 노력을 해왔다. 항산화 물질과 항염증 물질은 모두 뇌에 이롭게 작용해 정신 건강과 인지 능력을 향상시킨다. 그러나 알코올은 만성적으로 섭취하면 양을 떠나 뇌에 좋지 않기 때문에, 건강에 좋은 성분은 더 나은 먹거리를 통해 섭취하는 것을 추천한다.

와인은 구석기시대에도 존재했다?

포도 발효는 와인 제조의 발상지로 알려진 흑해와 카스피해 사이 지역에서 최소 1만 년 전에 시작되었다. 오늘날 조지아라는 나라에 해당하는 이 지역은 당시에는 남코카서스로 불렸다. 이곳 사람들은 포도에서 즙을 짜 크베브리Qvevri라는 항아리에 넣은 다음, 이를 겨울 동안 땅속에 묻어두었다가 봄이 되면 꺼내 마셨다. 이들 항아리 중 일부는 수십 년 동안 땅속에 묻혀 더 맛이 좋은 숙성된 와인을 만들어냈다.

중국 중부의 지아후Jiahu에서 발견된 도자기 조각들은 이 지역의 포도 발효가 약 9000년 전에 시작되었음을 보여준다. 또 생체분자 고고학자인 패트릭 맥거번Patrick McGovern과 그의 팀 역시 이란의 자그로스산맥에서 발견된 7000년 된 항아리에서 포도 발효의 잔여물(타르타르산)을 찾아냈다. 여기에 와인을 상하지 않게 하는 테레빈 나무의 송진까지 발견되면서 당시 사람들이 와인을 만들기 위해 포도를 일부러 발효시켰음이 분명해졌다.

포도 압착기와 발효통이 갖춰진 최초의 와인 양조장은 아르메니아의 동굴에서 발견되었으며, 그 역사는 약 6000년 전으로 거슬러 올라간다. 비슷한 시기에 고대 그리스와 로마인들은 디오니소스 혹은 바커스라는 와인의 신(황홀경의 신)을 숭배했고, 고대 이집트인들은 지하 세계의 신인 오시리스를 숭배했는데, 이들에게 오시리스의 피는 와인의 원천이었다. 아마도 미국에서 이보다 더 널리 알려진 이야기는 노아가 와인을 처음 만든 이야기(노아는 자신이 처음 만든 와인

세계에서 가장 오래된 것으로 알려진 아르메니아의 와이너리

을 마시고 취하여 정신을 잃었다)와 예수가 가나의 결혼식에서 물을 와인으로 바꾼 성경 속 이야기일 것이다. 어쨌든 시공간을 초월해 와인은 행복과 우정, 생명의 양식, 변화를 나타내는 종교적 상징이자 지위의 상징이었다.

현대 와인의 역사는 겨우 400년밖에 되지 않는다

포도나무는 포도속Vitis에 속하며, 포도속은 포도과Vitaceae라는 꽃식물에 속한다. 이에 따라 포도를 기르는 사람을 흔히 포도 재배자viticulturalists 또는 와인 양조업자vintners라 부른다. 지금까지 정의된 포도속은 총 79가지이며, 재배종 포도는 수천 종에 달한다. 상업용으로 생산되는 포도의 약 4분의 3은 와인을 만드는 데 사용된다.

유럽과 미국의 포도밭에서 재배되는 포도나무는 대부분 유럽 종 포도인 비티스 비니페라Vitis vinefera로, 유럽에서 생겨나 16세기 초에 북아메리카로 수입되기 시작했다. 하지만 북아메리카에서 처음으로 유럽 종 포도를 재배하는 데 성공한 지역은 1629년 마름병이자 곰팡이병인 '검은썩음병block rot'에서 자유로운, 보다 건조하고 모래가 많은 뉴멕시코 땅이었다.

근대 와인 생산 초기에 사람들은 대륙 간에 해충이 옮을 수 있다는 점을 미처 생각하지 못했던 것 같다. 그러다가 대륙 간 이동 시간을 줄여주는 증기선이 발명되고 더 많은 벌레가 배에서 생존할 수 있게 되면서 이는 큰 문제가 되었다. 그 결과가 바로 19세기 중반에 일어난 '대프랑스 와인 황폐화Great French Wine Blight'다. 이 사건을 일으킨 원인은 필록세라Phylloxera 진딧물로, 1850년대 중반 북아메리카에서 오는 배에 실려 유럽에 들어온 것으로 추정된다.

1850년대 후반부터 1870년대 초반까지 15년 동안 프랑스 포도밭의 50% 이상이 파괴되었다. 살충제와 두꺼비, 가축 방목 등 온갖 전통적인 방법과 비전통적인 방법이 시도되었으나, 어느 것 하나 효과를 거두지 못했다. 미국산 포도나무들이 들어왔지만, 극히 소수의 포도나무만이 탄산수소칼슘 함량이 높은 프랑스 포도밭('백악질' 토양)에서 살아남아 포도 열매를 맺었다. 그러다가 1880년대 후반, 진딧물 내성이 있는 미국산 포도나무 비티스 리파리아Vitis riparia가 유럽 종 포도와 접목되고 나서야 프랑스의 와인 산업은 회복되기 시작했다.

'좋은 와인'은 '위치'가 중요하고, 위치는 곧 '환경'이다

아마 포도나무만큼 기후와 밀접한 관련이 있는 과일나무도 없을 것이다. 포도밭에는 와인에 특별함을 더해줄 소기후가 필요하다. 주요 와인 제조사들은 포도를 기르는 과정이 와인 제조 과정(포도를 딴 후 지하 저장고에서 포도에 가해지는 일련의 과정)보다 중요하다고 말한다. 아주 전통적인 와인 생산자들조차도 와인을 만드는 데 가장 중요한 네 가지 요인으로 날씨, 토양, 지형, 품종을 꼽는다. 간단히 말해 포도는 와인을 만들고, 기후는 포도를 만든다.

전 세계적으로 와인 양조장에 적합한 기후대의 평균기온은 섭씨 10도 정도밖에 기온차가 나지 않는다. 어떤 와인의 경우는 그 폭이 더 작기도 하다. 소기후의 평균기온 차가 섭씨 2도밖에 되지 않는 피노pinot 포도는 어쩌면 기후변화의 첫 번째 피해자가 될지도 모른다. 지역별로 봤을 때, 대부분의 남유럽과 서유럽은 앞으로 포도 농사에 전혀 적합하지 않은 곳이 될 것이다.

한편, 지난 몇십 년간 포도 재배에 적합하지 않았던 지역들은 날씨가 따뜻해지면서 포도 재배에 적합한 소기후를 형성하게 되었다. 이를테면 한때 포도를 재배하기에 너무 추웠던 영국 남부의 에식스Essex, 켄트Kent, 서식스Sussex 같은 지역은 이제 포도를 기를 수 있을 만큼 따뜻하고 건조한 여름을 맞고 있다. 독일 남부와 프랑스 북부 지방도 상황은 비슷하다. 이는 좋은 소식으로 들릴 수 있고, 실제로 그렇기도 하다.

하지만 이 지역들은 포도를 재배하기에 너무 추운 지역에서 너무 따뜻해진 지역으로 변화를 거치는 것일 뿐이다. 아마도 이번 세기가 지나면 끝날지도 모르는, 달콤한 지점에 잠시 머물러 있을 뿐이다. 결국은 이 지역들도 포도밭으로는 적합하지 않게 될 것이다. 참고로 이 짧은 설명에 와인 생산에 쓰일 수 있는 육지 면적이 줄고 한때 낮은 위도에서만 살았던 벌레들이 더 높은 위도의 포도밭에서도 생존할 수 있게 되는 해수면 상승의 영향은 전혀 고려하지 않았다.

유명한 포도 재배자 리처드 스마트Richard Smart는 와인을 가리켜 지구온난화의 '탄광 속 카나리아'(과거 탄광에서 유해 가스를 감지하기 위해 카나리아를 탄광에 데려가 카나리아의 이상 행동을 탈출 경고로 삼았던 데서 유래_옮긴이)라고 불러왔다. 여기서 우리가 가장 먼저 확인해야 할 것은 기온 상승의 영향을 크게 받는 와인의 질이다. 온도가 높아질수록 포도가 익는 속도도 빨라지기 때문에, 포도의 당도는 기존보다 더 높아지고 산성도

장기적으로 내다봤을 때 포도밭이 지속될 수 있는 소기후는 그야말로 많지 않을 것이다. 지금처럼 온난화가 계속된다면, 이번 세기말까지 와인 생산량은 80% 이상 감소할 게 분명하다.

는 낮아질 수밖에 없다. 이처럼 더 실해진 포도들은 발효되면 더 많은 알코올을 만들어내고, 더 달콤하고 강한 맛을 낼 것이다. 대신 이제 드라이와인은 없다. 섬세한 와인도 없다.

실제로 캘리포니아 모데스토에 있는 '이앤제이 갤로 와이너리E&J Gallo Winery'는 진즉에 썬더버드Thunderbird의 브랜드 이미지를 새롭게 바꾸었는데, 썬더버드는 1950년대에서 1960년대에 일반 대중에게 큰 사랑을 받은 감귤류 맛이 나는 달콤한 와인이다. 하지만 이 와인의 가격은 이제 60센트가 훨씬 넘는다.

장기적으로 내다봤을 때 포도밭이 지속될 수 있는 소기후는 그야말로 많지 않을 것이다. 지금처럼 온난화가 계속된다면, 이번 세기말까지 와인 생산량은 80% 이상 감소할 게 분명하다.

세계 와인 산업은 스스로를 구할 수 있을까?

기후변화로부터 와인을 구하려는 노력은 적어도 15년 전부터 시작되었다. 2006년 기후변화와 와인에 관한 국제회의가 전前 세계 정상급 테니스 선수이자 스페인 최초의 와인 마스터인 판초 캄포Pancho Campo의 주관으로 바르셀로나에서 처음 개최되었다. 이 첫 회의는 대부분 미디어 행사로 진행되었고, 와인 생산과 관련해서는 어떠한 정책이나 진전도 이끌어내지 못했다.

다행히 그다음에 열린 회의에는 앨 고어Al Gore, 코피 아난Kofi Annan, 버락 오바마Barack Obama 같은 기조연설자가 참여했고, 이는 2018년 '포르투 협약Porto Protocol'으로 이어짐으로써 기후변화에 맞춰 와인 산업을 조정하기 위한 원칙과 대책이 수립되었다. 그 뒤로도 문제에 대한 논의와 계획 등이 계속 이루어지고 있다.

최근 미국 소노마주립대학 와인 사업 연구소의 미셸 모젤Michelle Mozell과 리즈 타크Liz Thach는 기후변화가 와인 생산에 미치는 영향을 줄이기 위해 실질적으로 변화해야 할 것들에 관한 목록을 발표했는데, 하나는 포도밭의 변화이고, 다른 하나는 지하 저장고 생산 운용에 관한 목록이다. 전문가들은 이 목록에서 토양과 물이 균형을 유지하고, 토양 침식을 방지하고, 수확량을 늘리고, 물을 아껴 쓰고, 이산화탄소와 메테인 생성을 줄이고, 발효를 최적화하는 다양한 활동들을 제안했다.

16장

우리가 사랑하는 먹거리를 지키려면

Saving

매일 아침을 프렌치로스트 커피 한잔으로 시작하거나 매일 또는 매주의 끝을 피노 누아 와인 한잔으로 마무리하는 사람들이라면 아마 지금쯤 몹시 겁에 질렸을 것이다.

이 책을 출간하기 전, 건강관리에 관심이 있는 사람들과 대화를 나눌 기회가 있었는데, '아보카도를 잃게 될지도 모른다'는 사실에 꽤 불안한 반응을 보였다. 개인적으로 내 경우 정말로 큰 문제가 되는 것은 커피와 초콜릿을 잃는 것이다.

지금도 너무나 맛있고 영양이 풍부한 많은 먹거리가 생존을 위협받고 있지만, 그 원인은 줄어들지 않고 있다. 그래도 상황은 뒤집을 수 있다. 다행히 해결책 대부분이 누구나 실천할 수 있는 것들이라 마음만 먹으면 이 일에 참여할 수 있다. 물론 이 실천에는 모든 사람이 동참해야 한다.

인간은 세상이 주는 것 이상을 소비한다

행복의 의미에 대해 굳이 철학적으로 생각하거나 인지적 재구성(긍정적인 관점으로 생각을 바꾸거나 재구성하는 것_옮긴이)을 통해 자세히 설명하지 않더라도, 누구나 자신에게 반드시 필요하다고, 정말로 꼭 있어야 한다고, 혹은 좋아하는 것이라고 생각하는 많은 물건이 실은 없어도 그만인 경우가 많다. 이 사실은 아주 명백하다. 폭식과 사재기, 남는 물건들에 둘러싸여 있을 때 우리는 때로 '음, 그래도 난 저 사람만큼 나쁘진 않아.' 하고 생각하기 쉽다. 하지만 쇠약함과 빈곤, 절망에 둘러싸여보면 상황은 달라진다.

또 우리가 일상적으로 하는 어떤 행동들, 예를 들면 패스트푸드를 사기 위해 두세 블록을 운전해서 가는 일, 장기적으로 봤을 때 비용이 덜 드는 가정용 정수기와 재사용이 가능한 병 대신 일회용 물병을 계속해서 사는 일, 분명 살을 뺄 계획이 있는데도 한두 층을 올라가거나 내려갈 때 계단이 아닌 에스컬레이터나 엘리베이터를 이용하는 일 등의 행동은 정말로 건강에 좋지 않다. 비슷한 사례는 얼마든지 더 있다. 이러한 나쁜 습관을 없애는 노력은 개인과 환경 모두에게 좋은 일이다.

인간은 지구상에서 온난화를 늦출 수 있는 유일한 종이다. 우리는 높은 고도에서 체리 씨를 배설하는 곰에게 어느 정도 도움을 받을 수는 있지만, 이 문제를 해결하기 위해 똥 싸는 곰에게만 의지할 수는 없다. 인간의 커다란 뇌에는 특별한 구조를 지닌 전두엽이 있어서 그야말로 다른 동물들이 우리만큼 잘하지 못하는, 이른바 인지와 관련된 많은 일들을 할 수 있다. 이와 관련된 인간의 특성 중 하나가 먼 미래를 계획하는 것이다.

인간은 은퇴 연금에 돈을 넣으며 지구상 어떤 동물보다도 노후를 철저히 준비한다. 많은 이들이 더는 일할 수 없는 미래를 위해 돈을 저축한다. 우리는 모두 이러한 재주를 갖고 있다. 우리는 그저 이 재주를 돈 이외에 음식, 에너지, 공기, 물 등에 폭넓게 적용하면 된다.

같은 맥락에서 중학교나 고등학교 학과 과정에서도 '지연 할인delay discounting'이나 '미래 평가 절하' 같은 개념을 가르쳐야 한다. 지연 할인은 지금 당장은 누리지 못하는 막대한 보상 대신, 작지만 즉각적인 만족을 선택하는 경향을 말한다. 경제학, 심리학, 신경과학 등이 융합된 아주 포괄적인 학문에서 이러한 굉장히 흥미롭지만 답답한 현상에 대해 설명하고 있다. 메이슨대학에서는 시스템 생물학부의 프랭크 크루거Frank Krueger 교수를 비롯한 몇몇 과학자들이 이를 연구하고 있다.

우리의 미래 가치를 어떻게 높일 수 있는지 보여주는 학문은 많지 않다. 우리는 왜 지구의 미래 가치를 낮게 평가하고, 불필요한 물건을 구매하고, 더 많은 기기를 사용하고, 즉각적인 만족을 더 높이 평가할까? 사우스다코타대학의 로버트 드보락Robert Dvorak 박사는 지연 할인을 일으키는 주요 원인이 불충분한 영양에 있다는 사실을 밝혀냈다. 하나의 흥미로운 연구에서 그는 자신의 수업을 듣는 학생들에게 다음 수업 시간에는 모두 저혈당 상태로 들어올 수 있도록 점심을 걸러달라고 부탁했다. 그리고 수업 시간에 학생의 반은 진짜 설탕이 든 탄산음료를, 나머지 반은 인공 감미료가 든 탄산음료를 마시게 했다. 대사 과정이 진행되는 동안 잠시 기다린 후, 모든 학생은 같은 설문지를 작성했다. 이들은 설문을 통해 작지만 즉각적인 만족 혹은 상당한 시간 동안 주어지지 않을 훨씬 더 큰 보상을 선택했다.

조사 결과 진짜 설탕이 든 탄산음료를 마신 학생들은 더 크지만 지연된 보상을 선택하는 경향이 있는 반면, 인공 감미료가 든 탄산음료를 마신 학생들은 즉각적인 만족을 선택하는 경향이 강했다. 모든 학생은 강의실에 들어섰을 때 당 수치가 낮은 상태였다. 인공 감미료가 든 탄산음료를 마신 학생들은 대사가 만족스럽지 못해 즉각적인 만족에 굴복하고 말았다. 반면 대사가 만족스러운 학생의 경우, 먼 미래에 우리에게 득이 되는 것을 선택하는 경향이 높았다. 달리 말해 멸종 위기에 처한 먹거리를 구하고 그 결과 충분한 영양을 유지할 수만 있다면, 우리는 미래의 가치를 높이기 위한 등식의 일부 조건을 만족시킬 수도 있을 것이다.

화석연료 적게 쓰기

이것이 문제의 핵심이다. 우리는 화석연료를 너무 많이 태운다. 뒤에 나오는 도표를 처음 만든 사람은 쿠웨이트과학연구원Kuwait Institute for Scientific Research, KISR의 술탄 알살렘Sultan Al-Salem 박사다. 도표는 전 세계에서 배출되는 이산화탄소의 원인을 상업, 산업, 주거로 나누어 나타냈다. 미국에서 주거와 관련하여 배출되는 이산화탄소의 비율은 전 세계 평균치와 비교했을 때 두 배 더 많다(12%, 미국환경보호청).

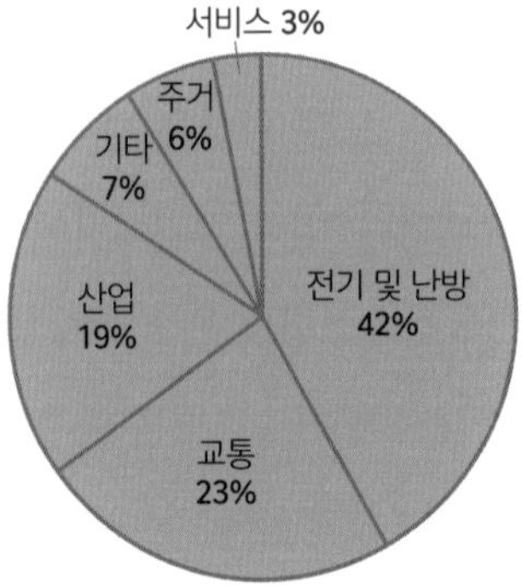

부문별 이산화탄소 배출 비율

바꿔 말하면 미국 가정은 전 세계 평균치보다 훨씬 더 많은 에너지를 소비하고 있는 것이다.

우리는 에너지 소비를 줄여야 하며, 특히 화석연료의 연소를 빨리 중단해야 한다. 전기는 대부분 화석연료를 태워서 만들어진다는 점에 주목하자. 화석연료 사용을 줄이기 위해 우리가 손쉽게 취할 수 있는 조치로는 에너지 효율이 좋은 전구와 LED(발광 다이오드)로 조명 바꾸기, 다락방에 단열재 설치하기, 외부 문과 창문 주변을 더 꼼꼼하게 막기(여유가 있다면 오래된 창문을 에너지 효율이 좋은 창문으로 바꾸기), 거기에 형편이 허락한다면 가전제품과 온수기, 냉난방 및 환기

장치를 업그레이드하는 것이다.

태양광 패널을 설치하는 것도 고려해볼 수 있다. 미국의 경우 일반 주택에 설치하는 비용은 향후 10년간 절약될 에너지 비용과 주택 패널에서 생산된 초과 전력을 전력 회사에 팔아서 버는 돈으로 우리에게 다시 돌아온다. 주택용 태양광 패널은 약 30년이 지나면 에너지 생산량이 감소하기 시작하지만, 이 시점이 지난 후에도 에너지를 계속해서 공급할 수 있다.

또 연료를 많이 소비하는 차를 중고 하이브리드 자동차나 전기 자동차로 교체하는 방법도 있다. 새 차를 사는 것이 별로 좋은 생각이 아닌 이유는 새 차 생산과정에서 배출되는 탄소량이 대부분 매우 높고, 이를 상쇄하려면 차를 평생 타야 하기 때문이다. 물론 이 마지막 옵션은 그리 간단한 문제가 아니라는 걸 잘 안다. 우리가 비효율적인 차량을 바로 바꿀 수 없다면, 운전을 줄이는 방법은 어떨까? 우리가 태우는 기름은 1갤런당(약 3.8L) 20파운드(약 9.1kg)의 이산화탄소를 공기 중에 배출한다. 미국 도로에 약 3억 대의 차량이 있다고 했을 때, 모든 운전자가 1주일에 1갤런을 절약한다면 매주 300만 톤, 즉 매년 1억5600만 톤에 이르는 이산화탄소가 배출되는 것을 막을 수 있다.

좀 더 이해를 돕자면, 평범한 세단 한 대에는 약 19갤런(약 72L)의 기름이 들어가고 SUV에는 약 26갤런(약 98L)이 들어간다. 그러니까 나는 지금 (SUV든 세단이든) 일주일에 약 4~5%만 기름을 덜 쓰자고 이야기하는 것이다. 큰 그림으로 보면, 이는 연간 이산화탄소 배출 증가량인 60억 톤의 약 2.5%에 해당하는 양으로, 비교적 작은 변화라고 할 수 있다. 그러나 우리가 운전을 덜 한다면 감소율은 더 올라갈 것이고, 수요에 따라 움직이는 화석연료 기업들도 우리가 적게 소비할수록 더 적게 화석연료를 생산할 것이다. 물론 이는 화석연료 의존도를 줄이기 위한 여러 가지 노력 중 하나에 지나지 않는다.

인간을 위해 무슨 일이든 하는 기계 장치들을 갖추고 사는 우리는 월트 디즈니 영화 〈월-E〉에 나오는 만화 캐릭터의 모습으로 빠르게 변화하고 있다. 대다수의 이러한 기계들은 전기 형태의 에너지를 사용한다. 우리는 번개에서 오는 자연 발생적 전기를 수확하고 저장하지 않는다. 전기는 주로 천연가스를 포함한 화석연료가 연소되면서 생긴다. 전기 콘센트는 어디에나 있고, 우리는 이를 많은 장소에서 마음대로 사용한다. 여행객이라면 공항에서 무료로 전화와 태블릿을 충전할 수 있다. 사기업이든 공기업이든 기업의 근로자들도 자신의 기기를 일터에서 충전한다. 이 때문에 우리는 하루에 우리가 얼마나 많은 전기를 쓰는지 가늠하기가 쉽지 않다.

우리는 하루에 얼마나 자주 휴대전화를 들여다볼까? 40세 이상인 사람들의 경우, 25년 전에는 휴대전화를 얼마나 자주 봤을까? 1990년대 중·후반이 되어서야 휴대전화가 대중화되었기 때문에 이에 대한 답은 0에 가깝다. 그때 우리는 행복했고(아마 지금보다 더) 그만큼 생산적이었다. SNS와 게임, 비디오 앱에 더 많은 시간을 쏟는 것이 정말로 미래의 기본적인 욕구와 안락함을 위해 애쓸 가치가 있는 일일까? 휴대 기기가 없던 시절을 경험한 이들이라면 사람들에게 IT 기기 사용을 조금 줄여보자고 말할 수 있지 않을까?

물건을 적게 사고, 재활용하고, 쓰레기를 덜 만들자

무언가 새로운 물건을 사는 행위는 우리를 흥분시키고 기분을 좋게 한다. 그 때문에 우리는 실제로 굳이 필요 없는 물건들을 산다. 우리는 대체로 물건을 신중하게 사서 조심스럽게 쓰기보다는, 되는대로 샀다가 버리는 경향이 있다. 충분히 생각하지 않고 물건을 사기 일쑤다. 물론 물건을 살 때 가격도 비교하고 개인적인 취향에 맞추려고 노력하지만, 물건이 어떻게 만들어지는지, 물건을 다 썼을 때 그 물건이 어떻게 되는지, 물건의 환경 비용이 총 얼마나 되는지는 좀처럼 묻지 않는다.

우리가 물건을 살수록 우리는 더 많은 쓰레기를 만들어내고 더 많은 오염을 일으키는 것과 같다. 미세플라스틱은 이제 바다 깊은 곳과 산꼭대기, 그리고 바다거북과 바닷새를 비롯한 수많은 육상동물 및 수생동물의 배, 조직, 세포에서 발견된다. 또 우리는 매년 30억 개의 배터리, 즉 18만 톤의 배터리를 버린다. 이는 아주 심각한 문제다.

무언가를 사기 이전에, 생활에 꼭 필요한 물건이라 해도 그 물건의 생산과정에서 생겼을 환경 비용을 조금이라도 알아보고, 얼마나 많이 혹은 얼마나 오래 쓸지도 생각해보고, 쓰는 동안 얼마나 오염을 일으키는지 확인해보는 것은 우리의 의무다. 만약 이렇게 신중하게 고민한 뒤에도 그것이 여전히 현명한 구매처럼 여겨진다면, 물건을 샀다가 나

중에 개인적으로 더는 쓰지 않게 되었을 때 물건을 팔고, 기부하고, 혹은 쓰레기통에 버리지 않고 재활용하는 것도 우리의 의무다. 이 모든 요인이 해당 물건의 총 탄소 배출량에 영향을 미치기 때문이다. 충동구매할 때 적은 비용을 치렀다 해도 실제로 시간이 지나면 훨씬 더 많은 환경 비용을 치르게 마련이다.

한때 부의 상징과도 같던, 물건을 쓰다 말고 버리는 행위는 이제 전 세계 현대인의 문화로 깊이 자리 잡았다. 민간 업체와 공공서비스의 지원을 받으며 단 몇 푼의 추가 비용만으로 우리로 하여금 쉽게 물건을 얻었다 버릴 수 있게 해주는 공공 제도는 사람들 사이에 이러한 행동을 더욱 부추기고 있다. 물건을 버리는 일은 쉽고, 비교적 큰 대가를 치르지 않기 때문이다. 만약 우리가 쓰레기 수거 서비스에 비싼 돈을 치러야 한다거나 지역 쓰레기장으로 쓰레기를 직접 가져가야 한다면, 분명히 많은 사람이 덜 사고 덜 버릴 것이다.

자신이 구입한 물건에 책임을 져야 한다는 이 계획이 고된 일처럼 보이는가? 그렇다면 우리가 사는 세상을 이해하고 고맙게 여기며 보존하는 일을 하겠다는 우리의 의지에 대해서는 어떻게 생각하는가? 우리가 사는 실제 세계(환경)

보다 물건을 사고 버리는 행위가 더 소중하다고 생각한다면, 우리는 우리의 진정한 목적을 잃은 것이다.

곤도 마리에Kondo Marie가《인생이 빛나는 정리의 마법》에서 조언한 것처럼, 우리는 우리의 물건을 보고 스스로에게 물어야 한다. '정말로 이 물건들이 나를 설레게 하는가?' 그렇지 않다면 물건들을 모두 없애라. 버리지는 말자! 팔거나 기부하거나 재활용하자. 만약 인터넷에서 보이는 모든 물건에 설렌다면 우리는 이미 물질 만능주의의 피해자가 된 것이다. 이런 사람들은 취미나 자연에서의 규칙적인 사회적 교류, 운동, 하이킹, 캠핑 등 뭐가 됐든 야외에서 하는 활동에 참여함으로써 치유될 수 있다.

집은 예술 작품, 그림, 음향 시스템, 비디오 스크린, 비디오 게임, 휴대 기기, 유아용 장난감 같은 다양한 형태의 물건을 신중히 들여야 하는 큰 상자일 뿐이다. 야외 활동을 하는 데는 이러한 물건이 따로 필요하지 않다. 아이들과 함께 그저 빈손으로 나가면 된다. 내 경우도 야외에서 보내는 시간을 늘리고, 아이들의 신체 활동과 근육 운동을 위해 뒷마당에 작은 놀이터를 설치했다(비록 인공 시설물을 들였지만). 아이들은 풀밭에서 산딸기와 '사탕 동산'(민들레)을 찾아 그것들로 상상의 요리를 하면서 더 많이 뛰이논다.

매년 사람들은 6500억 달러어치 먹거리를 샀다가 1650억 달러어치는 버린다. 이는 평균적으로 미국인들이 구입하는 음식의 약 4분의 1을 버리는 셈이다. 미 농무부의 추정에 따르면, 이 수치는 전체 버려지는 먹거리의 약 30%를 차지한다. 음식물 쓰레기는 대다수 도시 매립지의 쓰레기에서 가장 큰 부분을 차지한다. 아마 당연하겠지만, 신선한 과일과 채소로 구성된 건강한 식사를 하는 사람들이 음식물 쓰레기를 버리는 양도 가장 많을 것이다(이들은 대체로 금전적으로 여유가 있는 편이고, 음식을 상대적으로 빨리 썩힌다). 이 모든 낭비된 음식들이 썩고 부패하면서 배출하는 메테인의 양은 미국 총 메테인 배출량의 약 10%를 차지한다.

음식이 남으면 다시 데워먹거나 다른 맛있는 음식으로 만들면 된다. 남은 음식을 먹을 수 없는 상황이라면 퇴비로 쓰는 방법도 있다. 일반적으로 재배한 것이나 먹을 수 있는 음식이면 퇴비로 사용이 가능하다. 그러면 퇴비는 밭으로 돌아가 토양의 질을 높이고 수확량을 늘려줄 것이다.

나무 심기는 30~100달러를 들여 적어도 하루 동안은 노동과 시간을 할애해야 하는 일이다. 단, 나무를 심은 후에는 뿌리가 완전히 내릴 때까지 물을 자주 주어선 안 된다(내가 작은 사과나무에 했던 실수는 하지 않기를). 과일나무를 한 그루 심을 계획이라면, 먼저 나무가 잘 자라고 열매를 맺는 데 필요한 것이 무엇인지 조사부터 해야 한다.

나무를 심고 정원을 가꾸는 일은 실제로 그렇게 어려운 일이 아니다. 나는 우리집 정원을 가꾸기 위해 해마다 거름과 물이끼, 흙을 구입한다. 또 수분 보유량을 높이기 위해 질석과 펄라이트(토양 개량제의 일종_옮긴이)도 쓰는데, 흙 전체에 섞지 않고 식물 밑부분에만 사용하면 큰 자루에 담긴 이 물건을 몇 년은 쓸 수 있다.

나는 어린 식물과 씨앗을 사는 등 집 정원을 가꾸는 데 매년 약 300달러를 투자한다. 그리고 하루는 구매할 물품을 모두 정리하고 정원을 준비하는 데 쓰고, 또 하루는 씨앗과 묘목을 구입하고 심는 데 쓴다. 나머지는 기본적으로 물을 주고, 잎이 갈색이 되거나 시들면 따주고, 고추를 말뚝에 묶는 일(고추가 크거나 많으면 땅으로 쓰러질 수 있다) 정도다.

우리 식구는 토마토에 가장 많은 시간을 들이는데, 토마토가 너무 커서 스스로 무게를 지탱할 수 없게 되면 토마토 줄기를 지지대에 묶은 다음 주요 가지 3~5개만 남겨놓고 가지치기를 한다. 토마토는 8월 첫째 주가 되면 지지대의 맨 위까지 다다르며, 이 묘목에서 6월 말부터 9월 말까지 우리가 먹는 토마토의 전부를 얻는다. 우리는 정원에 투자한 모든 돈을 유기농 채소 수확으로 돌려받는다. 식물이 자라는 계절이 지나고 봄이 오면, 우리는 재배를 끝낸 모판의 흙을 퍼다가 마당을 보수하는 데 사용하기 때문에 흙은 두 번 사용되는 셈이다.

집 앞마당에 균일하게 깔린 에메랄드빛 잔디는 거의 대다수의 동네에서 고풍스럽고 훌륭한 것으로 여겨진다. 하지만 유전적 다양성을 잃은 식물성 먹거리가 대부분 멸종 위기에 처했듯, 한 종류의 잔디로만 구성된 잔디밭도 건강한 상태는 아니기 때문에 외부의 관리가 더욱더 필요하다. 자연은, 어떤 것들은 여기에 정리하고 또 어떤 것들은 저기에 정리해야 하는 실내처럼 일률적인 질서를 갖지 않는다. 자연은 그보다 더 복잡하다. 마찬가지로 건강한 마당이 인간의 눈에 꼭 매력적으로 보여야 하는 것은 아니다.

잔디는 주로 집 주변의 지반 침식을 막기 위한 것으로, 그 지역 고유의 잔디나 풀로 구성하는 게 좋다. 이때 잔디나 풀은 자립적인 주거 환경 조성, 그리고 지역 생태계에 체계적으로 통합되는 주거 환경 조성을 지향하는 영속 농업 운동(지속 가능한 농업이나 농법을 지향하는 운동_옮긴이)의 원칙과 함께해야 한다.

야생식물은 대부분의 동네에서 집 없는 잡종 개처럼 취급받으며, 진열장에 있는 순종을 자랑하고 싶어 하는 집주인들에게는 그다지 큰 관심을 받지 못한다. 약간의 시각적 변화를 감당할 수 있다면, 잔디밭과 정원은 화학약품을 사용하지 않고도 손쉽게 건강하게 가꿀 수 있다. 무엇보다 제초제와 살충제는 사람에게 림프종과 갑상선 기능 저하증을 유발하는 화학물질을 함유하고 있으며, 약품이 살포된 장소와 아무 상관없는 동식물에까지 안 좋은 영향을 끼칠 수 있다. 바람은 약품이 살포되는 동안 수십에서 수백 미터까지 이 화학물질들을 나르고, 빗물은 살포 뒤에 흡수되지 않고 남은 화학물질을 다른 곳으로 실어 나른다.

일부 잔류 살충제와 제초제에 함유된 다량의 화학물질은 벌들을 불구로 만들어 죽이기도 한다. 글리포세이트와 네오니코티노이드가 그 대표적인 예다. 또 글리포세이트와 디캄바 같은 일부 제초제는 대다수 나비의 주요 먹이이자 제왕나비의 숙주식물인 밀크위드milkweed를 죽여서 나비 개체 수를 감소시키기도 한다.

만약 흙이 약간 산성을 띠고 잔디가 생각만큼 빼곡하지 않아 걱정된다면, 제초제가 들어 있는 화학비료 대신 석회를 이용해 흙을 중성화시키는 방법도 있다. pH를 중성으로 맞추면 잔디가 자라기에 유리한 조건을 갖출 수 있다.

농산물은 지역 농부에게 사라

농산물 직판장은 정말 굉장하다! 단언컨대 가족과 함께 지역 농산물 시장을 찾는 것만큼 주말 아침을 활기차게 시작하는 방법도 없을 것이다. 이곳에서는 어딜 가든 복숭아, 사과, 자두, 멜론, 토마토, 치즈, 차, 와인 등을 무료로 맛볼 수 있다. 그런데 이 먹거리들은 상하기 쉬우므로 버리는 것을 최소화하려면 재사용할 수 있는 가방을 가지고 가서 일주일 내로 먹을 것만 사는 것이 좋다.

직판장에서 판매하는 농산물은 일반적으로 디젤 연료

를 태우는 냉장 트럭을 타고 수백 마일을 이동할 필요가 없다. 게다가 지역 농부들은 보다 지속 가능한 농법을 실천하려는 경향이 있기 때문에 이 먹거리들의 탄소 배출량은 식료품점이나 대형 슈퍼마켓에서 판매되는 먹거리의 탄소 배출량보다 적다. 기본적으로 직판장에서는 살충제와 제초제에 오염되지 않은 유기농 농산물을 판매한다.

마지막으로 이곳의 농산물은 신선하다. 이 먹거리들은 어딘가의 선반 위에서 영양분이 산화되고 없어지는 동안 색과 외관을 보존하기 위해 왁스가 입혀지거나 다른 방법으로 처리되지 않았다. 우리는 말 그대로 직판장의 신선한 과일 시식 코너에서 신이 난 우리 아이들을 끌고 와야 할지도 모른다.

나쁜 관행을 이어가는 업체를 거부하라

어떤 사업이든 가장 중요한 것은 이익이다. 우리가 어떤 기업에 영향력을 행사하고 싶다면 그 회사가 이익을 얻지 못하도록 하면 된다. 여기에는 주 정부의 이익도 포함된다. 이 일을 하는 가장 쉬운 방법 중 하나는 탄소 배출량을 줄이려고 노력하지 않는 회사의 물건을 사지 않고, 지구온난화를 늦추기 위해 자기 역할을 다하는 회사의 물건을 골라 사서 이들 회사에 보답하는 것이다.

불매운동은 확실히 효과가 있다! 우리는 최근 킴벌리클라크Kimberly-Clark, 네슬레, 노드스트롬Nordstrom, 스테이플스Staples, 우버Uber, 씨월드SeaWorld, 그리고 노스캐롤라이나주가 대중의 행동과 불매운동에 영향을 받는다는 사실을 확인했다.

정치인을 참여시켜라

거대한 기후변화 문제는 시민들이 직접 다루기에는 너무 벅찬 일이라 정부와 기업의 개입 없이는 흔히 해결될 수 없다고 생각한다. 이는 사실일 수도, 사실이 아닐 수도 있다. 하지만 기업 차원에서의 변화가 이 문제의 흐름을 비교적 쉽게 뒤집을 수 있다는 점만은 분명하다.

이 책을 준비하는 동안, 그리고 2019~2020년 코로나바이러스가 전 세계적으로 대유행하는 동안 이를 뒷받침하는 명백한 사례들이 드러났다.

첫 번째 예는 코로나바이러스의 확산을 막기 위해 모든 불필요한 제조가 중단된 이후, 중국의 온실가스 배출량이 어떻게 변화했는지를 보여주는 일련의 놀라운 위성사진들이다(유럽우주국European Space Agency 촬영). 실제로 몇 주 동안 이산화질소 배출량이 엄청나게 감소했다. 공장 가동 중단이 절정에 달했을 때는 탄소 배출량이 20% 이상 감소했다. 곧이어 이탈리아를 관측하는 위성에서도 같은 현상이 발견되었는데, 이때 이탈리아 정부는 비필수 사업체의 운영을 모두 중단하고 자국민을 격리한 상황이었다.

2020년 3월 초, 미국에서도 앤드루 쿠오모Andrew Cuomo 뉴욕 주지사가 뉴욕주에 비상사태를 선포하고 난 뒤 이와 비슷한 현상이 관측되었다. 뉴욕시의 이산화탄소, 일산화탄소, 메테인 수치는 한 달도 안 돼 10%나 떨어졌다. 종합하면, 이러한 산업 차원의 변화가 탄소 배출량의 증가를 막진 못해도 증가세는 둔화시킬 수 있다는 사실이다. 하지만 유감스럽게도 코로나바이러스 확산 기간의 온실가스 배출량 패턴이 2008년 세계 금융위기 당시 경제 셧다운 기간의 패턴과 비슷하다면, 지금과 같은 심각한 위기 상황이 끝나고 난 후 배출량은 그동안의 감소를 의미 없게 만들며 다시 미친 듯이 증가하게 될 것이다.

석유 산업은 코로나바이러스 대유행으로 약 두 달간 완전히 무너져, 미국 석유회사들은 석유를 넘기기 위해 다른 회사에 웃돈까지 줘야 했다. 이러한 사태는 화석연료를 줄여나가면서 다른 친환경 에너지 엔진을 재시동할 기회가 될지도 모른다. 각 지역 정치인들에게 연락할 타이밍이 왔다. 이들은 실제 대규모 온실가스 감축을 목격했고, 이제 더는 불확실성이라는 커튼 뒤에 숨어 온실가스 감축이 불가능하다고 주장하기 어렵게 되었다. 그러한 일이 현실로 일어났기 때문이다. 공기가 깨끗해지고, 주요 대도시에서 스모그가 사라졌다. 코로나바이러스 유행병에 긍정적인 면이 있다면, 세계 소매시장의 톱니바퀴를 멈춰도 우리 모두 견뎌낼 수 있다는 사실을 확인시켜주었다는 점이다.

지역 정치인들에게 보내는 편지에는 지금보다 친환경적인 경제체제로의 전환과, 정직하지 못한 기업들이 그들의 탄소 배출량에 책임을 지게 하는 규제를 만들고 시행하도록 요구하는 내용을 담아야 한다. 아울러 친구들과 가족이 경각심을 갖게 할 방법도 찾아보자. 이들은 고마움을 표현하지 않거나 여러분을 만족시키지 못할 수도 있다. 하지만 여러분이 지켜보고 있지 않을 때 각자의 방식대로 행동을 실천할 가능성이 있고, 또 편지를 보낼 수도 있으니 노력을 게을리하지 말자.

그러나 어떤 식이든 소통에 투자하지 않으면 어느 정치인에게서도 호응을 기대할 수 없다. 금전적인 투자를 말하는 것이 아니다. 깊이 생각한 뒤 사실에 기반한 논거를 만들고, 문제에 대한 해결책(예를 들면 탄소의 고체화 같은)을 제시하며, 정치인에 의존하지 않고도 스스로 답을 찾는 정신적 노력을 수행하는 것만으로도 충분하다. 우리는 소통을 통해 정치인들이 무엇을 선호하고 선호하지 않는지를 더 분명하게 알 수 있으며, 이 정보를 이용해 소통을 위한 또 다른 길을 찾아 편지를 고쳐 쓸 수도 있다.

마지막으로, 기후변화 운동가를 뽑고 기후변화를 부정하는 사람은 뽑지 않는 식으로 우리 주장을 더욱 영향력 있게 만들 수도 있다. 우리는 후보를 잘 파악하고 꼭 민주당이나 공화당이 아니라 녹색당에도 표를 던져야 한다. 변호사이자 소비자 운동가, 환경 운동가, 그리고 1992년에서 2008년 사이(2000년에는 녹색당 후보로) 미국 대통령에 다섯 차례 입후보했던 랠프 네이더Ralph Nader는 기후변화에 대한 대중의 인식과 수용 면에서 시대를 앞서간 인물이다. 네이더 씨의 노력에 진심 어린 고마움을 표한다.

그렇다면 이제 우리에게는 녹색당의 재등장이 필요할까, 아니면 단지 그린뉴딜과 같은 정책이면 될까?

멸종 위기의 먹거리들에 함유된 건강에 좋은 영양소, 미네랄, 피토케미컬

영양소

- **비타민 A(레티놀)**_ 강력한 항산화 물질. 배아 및 태아 성장의 주요 조절인자. 시력에 필요. 피부와 점막 건강의 유지(입, 코, 눈꺼풀, 기관지, 폐, 식도, 장) 및 세포 분화를 돕는다. 베타카로틴은 체내에서 레티놀로 전환된다.
  예) 체리, 병아리콩
- **비오틴**_ 수많은 효소 반응에 필수적인 보조인자. 체내에서 만들어지지 않으므로 외부에서 섭취 필요.
  예) 아보카도, 땅콩,
- **비타민 B2(리보플래빈)**_ 이화작용에 관여하는 주요 물질로, 에너지를 위한 탄수화물과 지방, 단백질의 분해를 돕는다. 체내의 산소 이용에 관여.
  예) 아보카도
- **비타민 B5(판토텐산)**_ 이화작용에 관여하는 주요 물질로, 에너지를 위한 탄수화물과 지방의 분해를 돕는다.
  예) 커피
- **비타민 B6(피리독신)**_ 에너지를 위한 탄수화물의 이화작용과 단백질 대사에 관여. 체내 100개 이상의 화학반응에 관여하는 보조인자. 세로토닌과 노르에피네프린과 같은 신경전달물질 생산에 참여. 적절한 두뇌 발달에 필요. 심장, 면역, 근육 기능의 유지를 돕는다.
  예) 바나나, 생선, 땅콩, 감자

- **비타민 B9(엽산)**_ 단백질과 DNA 대사에 꼭 필요한 물질. 배아 발달에 중요. 출생 후 아이의 적절한 성장에 필요. 기분 조절에 관여.

  예) 아보카도

- **비타민 C(L-아스코르브산, 구연산)**_ 강력한 항산화 물질. 수많은 효소 반응, 신경 펩타이드 합성, 유전자 발현에 필수적인 보조인자. 전신 염증의 완화에 도움. 잇몸 건강과 상처 치유에 필요(결핍증은 괴혈병으로 알려져 있다).

  예) 사과, 바나나, 체리, 꿀, 감자

- **비타민 K(메나디온)**_ 혈액 응고 인자. 칼슘 대사에 관여. 뼈, 순환계, 뇌 건강을 조절.

  예) 아보카도, 체리

미네랄

- **칼슘**_ 몸에서 가장 풍부한 미네랄. 뼈와 치아의 주요 구성 성분. 세포 간 신호 전달의 경로에서 필수적인 인자. 뼈 대사, 뇌 기능, 심장 수축, 근력에 필요. 칼슘은 뇌의 주요 신경가소성 이온이다.

  예) 병아리콩, 포도

- **구리**_ 모든 세포의 에너지 순환 과정에 있는 효소들을 비롯해 많은 효소의 보조인자. 철의 대사 조절. 뼈, 혈관, 뇌, 면역, 근육, 신경 건강에 관여.

  예) 아보카도, 바나나, 체리, 병아리콩, 초콜릿

- **철**_ 필수적인 세포 기능과 관련된 수백 개의 단백질과 효소의 기본 구성 성분. 혈구 생성, 헤모글로빈의 산소 처리, 에너지 대사, 체온 조절에 관여. 면역 기능의 유지를 돕는다.

  예) 맥주, 병아리콩, 초콜릿

- **마그네슘**_ 체내에서 일어나는 100개 이상의 화학반응, 특히 에너지 대사에 필요한 보조인자. 단백질 및 핵산(DNA, RNA)의 합성을 조절. 뼈 형성과 골세포의 칼슘 흡수에 필요. 면역·대사·정신 건강을 증진한다.

  예) 바나나, 병아리콩, 초콜릿, 커피, 감자

- **망간**_ 항산화 작용의 보조인자. 탄수화물, 지방, 아미노산 대사, 혈당 조절, 칼슘 흡수에 관여. 뇌와 면역 건강의 유지를 돕는다.

  예) 체리, 병아리콩, 초콜릿, 커피, 감자

- **인**_ 세포막과 핵산(DNA, RNA)의 필수 구성 성분. 뼈와 치아 형성에 필요. 세포 간 신호 전달과 뇌 가소성에 중요. 에너지 대사, 골밀도 유지, 단백질 형성, 신장의 혈액 속 노폐물 제거에 필수적이다.

  예) 병아리콩, 초콜릿, 감자

- **칼륨**_ 체내 모든 세포의 기본 기능을 유지하는 데 중요한 전해질. 뇌 기능, 신장의 여과 기능, 심장 수축, 근력, 수분 균형에 필요.

  예) 바나나, 체리, 초콜릿, 커피, 감자

- **셀레늄_** 단백질의 구조적 성분. 항산화 및 항염 작용의 보조인자. 스트레스에 대한 생리적 반응을 조절하고 뇌 건강, 면역 기능, 생식 능력의 유지를 돕는다.

  예) 초콜릿

- **아연_** 에너지를 위해 탄수화물을 분해하는 이화작용에 관여. 적절한 세포 분열, 세포 성장, 생물의 일반적 성장, 상처 치유에 필요. 뇌 건강, 장 기능, 면역 기능의 유지를 돕는다.

  예) 병아리콩, 초콜릿

피토케미컬

- **안토시아닌_** 강력한 항산화 물질로 기능하는 수용성 식물 색소.

  예) 바나나

- **폴리페놀(식물의 면역 성분)_** 강력한 항산화 물질. 뇌 기능, 심혈관, 면역 건강 유지 등 알려진 효과 외에도 그 효과는 점점 다양해지고 있다.

  예) 사과, 맥주, 체리, 초콜릿, 와인

참고문헌

1장 들어가며

Hyman, Mark (2020) Food Fix. How to Save Our Health, Our Economy, Our Communities, and Our Planet—One Bite at a Time. Little, Brown Spark. New York.

Little, Amanda (2019) The Fate of Food: What We'll Eat in a Bigger, Hotter, and Smarter World. Harmony Books. New York.

Tickell, Josh (2017) Kiss the Ground. Enliven Books (Simon and Schuster, Inc.). New York.

Zhou N, Gu X, Zhuang T, Xu Y, Yang L, Zhou M. (2020) Gut Microbiota: A Pivotal Hub for Polyphenols as Antidepressants. Journal of Agriculture Food Chemistry. Epub ahead of print.

2장 기후변화가 농업에 미치는 영향

International Plant Protection Convention (IPPC) (2013) Warming of the Climate System is Unequivocal. Report on Climate Change 2013: The Physical Science Basis—Summary for Policymakers, Observed Changes in the Climate System.

NOAA.gov

Ridley, Matt (2003) Nature via Nurture: Genes, Experience, and What Makes Us Human. Harper Collins Publishers. New York.

Solomon, S., J. S. Daniel, T. J. Sanford, et al., 2010: Persistence of climate changes due to a range of greenhouse gases, Proceedings of the National Academy of Science, 107: 18354-18359.

Solomon S., G.-K. Platter, R. Knutti, et al., 2009: Irreversible climate change due to carbon dioxide emissions, Proceedings of the National Academy of Science, 106: 1704-1709.

Venkataramanan, M (2011) Causes and effects of global warming. Ind. J. Sci. Technol. 4(3):226-229.

3장 사과에게 닥친 춥지 않은 미래

Subbaiah TK, Powell LE (1992) Abscisic acid relationships in the chill-related dormancy mechanism in apple seeds. Plant Growth Regulation. 11(2):115-123.

Cornille A, Gladieux P, Smulders MJM, Roldán-Ruiz I, Laurens F, Le Cam B, et al. (2012) New Insight into the History of Domesticated Apple: Secondary Contribution of the European Wild Apple to the Genome of Cultivated Varieties. PLoS Genet 8(5): e1002703.

Sugiura T, Ogawa H, Fukuda N, Moriguchi T. (2013) Changes in the taste and textural attributes of apples in response to climate change. Sci Rep. 2013;3:2418.

"2017년 사과 생산량, Food and Agriculture Organization of the United Nations (fao.org)에 Crops/World Regions/Production 입력" 2017년 5월 11일 원본에서 수집.

4장 과학은 아보카도에 닥칠 위험을 경고한다

Barlow, Connie. The Ghosts of Evolution. Basic Books, 2000.

Collins M, Thrasher A. (2015) Gene therapy: progress and predictions. Proc. Biol. Sci. 282(1821):2014.3003.

Rendón-Anaya M, Ibarra-Laclette E, Méndez-Bravo A, Lan T, Zheng C, Carretero-Paulet L, Perez-Torres CA, Chacón-López A, Hernandez-Guzmán G, Chang TH, Farr KM, Barbazuk WB, Chamala S, Mutwil M, Shivhare D, Alvarez-Ponce D, Mitter N, Hayward A, Fletcher S, Rozas J, Sánchez Gracia A, Kuhn D, Barrientos-Priego AF, Salojärvi J, Librado P, Sankoff D, Herrera-Estrella A, Albert VA, Herrera-Estrella L. (2019) The avocado genome informs deep angiosperm phylogeny, highlights introgressive hybridization, and reveals pathogeninfluenced gene space adaptation. Proc Natl Acad Sci U S A. 2019 Aug 20;116(34):17081-17089.

5장 바나나가 받는 극심한 스트레스

Varma V, Bebber DP (2019) Climate change impacts on banana yields around the world. Nature Climate Change. 9:752-757.

Ordonez N, Seidl MF, Waalwijk C, Drenth A, Kilian A, Thomma BPHJ, Ploetz RC, Kema GHJ. (2015) Worse comes to worst: bananas and panama disease—when plant and pathogen clones meet. PLoS Pathog. 11, e1005197.

Queensland Department of Agriculture and Fisheries, South Johnstone, Australia: https://www.daf.qld.gov.au/

German Calberto, G., C. Staver and P. Siles. 2015. An assessment of global banana production and suitability under climate change scenarios, In: Climate change and food systems: global assessments and implications for food security and trade, Aziz Elbehri (editor). Food Agriculture Organization of the United Nations (FAO), Rome, 2015.

Santos AS, Amorim EP, Ferreira CF, Pirovani CP. (2018) Water stress in Musa spp.: A systematic review. PLoS One. 2018 Dec 3;13(12):e0208052.

6장 보리의 위기, 맥주의 위기!

http://www.beer100.com/history/beerhistory.htm, "The History of Beer."

http://blog.drinktec.com/beer/abbey-breweries, "Holy Brews." by Mareike Hassenbeck, August 27, 2018.

Davies M. (2003) The role of GABAA receptors in mediating the effects of alcohol in the central nervous system. J. Psychiatry Neurosci. 28(4):263-74.

Xie W, Xiong W, Pan J, Ali T, Cui Q, Guan D, Meng J, Mueller ND, Lin E, Davis SJ. (2018) Decreases in global beer supply due to extreme drought and heat. Nat. Plants. 4(11):964-973.

Jackson, Michael (1977) World Guide to Beer.

7장 산 위로 올라가는 체리

https://www.atlasobscura.com/articles/bing-cherry; Anne Ewbank (2019) The Tragic Roots of America's Favorite Cherry, Gastro Obscura.

Livni, Ephrat (2018) Confused by typhoons, Japan's cherry blossoms are blooming in autumn. Quartz Magazine.

Penelope F. Measham et al. Climate, Winter Chill, and Decisionmaking in Sweet Cherry Production. HortScience, March 2014.

Primack RB, Higuchi H, Miller-Rushing AJ (2009) The impact of climate change on cherry trees and other species in Japan. Biol. Conservation. 142:1943-1949.

"Will climate change kill the Michigan cherry?" Glen Arbor Sun, Jacob Wheeler, Editor, July, 25, 2012.

Naoe S, Tayasu I, Sakai Y, Masaki T, Kobayashi K, Nakajima A, Sato Y, Yamazaki K, Kiyokawa H, Koike S. (2016) Mountain-climbing bears protect cherry species from global warming through vertical seed dispersal. Curr Biol. 2016 Apr 25;26(8):R315-6.

Naoko Abe (2019) Sakura Obsession. Penguin Random House, LLC, Alfred A. Knopf Publishing. New York.

8장 병아리콩은 목이 마르다

Jain M, Misra G, Patel RK, Priya P, Jhanwar S, Khan AW, Shah N, Singh VK, Garg R, Jeena G, Yadav M, Kant C, Sharma P, Yadav G, Bhatia S, Tyagi AK, Chattopadhyay D. (2013) A draft genome sequence of the pulse crop chickpea (Cicer arietinum L.). Plant J. 74(5):715-29.

Singh J, Singh V, Sharma PC. (2018) Elucidating the role of osmotic, ionic and major salt responsive transcript components towards salinity tolerance in contrasting chickpea (Cicer arietinum L.) genotypes. Physiol Mol Biol Plants. 24(3):441-453.

Narnoliya L, Basu U, Bajaj D, Malik N, Thakro V, Daware A, Sharma A, Tripathi S, Hegde VS, Upadhyaya HD, Singh AK, Tyagi AK, Parida SK. (2019) Transcriptional signatures modulating shoot apical meristem morphometric and plant architectural traits enhance yield and productivity in chickpea. Plant J. 98(5):864-883.

Varshney RK, Pandey MK, Bohra A, Singh VK, Thudi M, Saxena RK. (2019) Toward the sequence-based breeding in legumes in the post-genome sequencing era. Theor Appl Genet. 132(3):797-816.

von Wettberg EJB, Chang PL, Başdemir F, Carrasquila-Garcia N, Korbu LB, Moenga SM, Bedada G, Greenlon A, Moriuchi KS, Singh V, Cordeiro MA, Noujdina NV, Dinegde KN, Shah Sani SGA, Getahun T, Vance L, Bergmann E, Lindsay D, Mamo BE, Warschefsky EJ, Dacosta-Calheiros E, Marques E, Yilmaz MA, Cakmak A, Rose J, Migneault A, Krieg CP, Saylak S, Temel H, Friesen ML, Siler E, Akhmetov Z, Ozcelik H, Kholova J, Can C, Gaur P, Yildirim M, Sharma H, Vadez V, Tesfaye K, Woldemedhin AF, Tar'an B, Aydogan A, Bukun B, Penmetsa RV, Berger J, Kahraman A, Nuzhdin SV, Cook DR. (2018) Ecology and genomics of an important crop wild relative as a prelude to agricultural innovation.

Nat Commun. 9(1):649.

Varshney RK, Thudi M, Roorkiwal M, He W, Upadhyaya HD, Yang W, Bajaj P, Cubry P, Rathore A, Jian J, Doddamani D, Khan AW, Garg V, Chitikineni A, Xu D, Gaur PM, Singh NP, Chaturvedi SK, Nadigatla GVPR, Krishnamurthy L, Dixit GP, Fikre A, Kimurto PK, Sreeman SM, Bharadwaj C, Tripathi S, Wang J, Lee SH, Edwards D, Polavarapu KKB, Penmetsa RV, Crossa J, Nguyen HT, Siddique KHM, Colmer TD, Sutton T, von Wettberg E, Vigouroux Y, Xu X, Liu X. (2019) Resequencing of 429 chickpea accessions from 45 countries provides insights into genome diversity, domestication and agronomic traits. Nat Genet. 51(5):857-864.

9장 안 돼! 초콜릿만은 안 돼!

www.climate.gov

https://www.climate.gov/news-features/climate-and/climatechocolate.

Brodwin, E. (2017) Chocolate is on track to go extinct in forty years. The Independent, Business Insider, U.K.

Niether W, Smit I, Armengot L, Schneider M, Gerold G, Pawelzik E. (2017) Environmental Growing Conditions in Five Production Systems Induce Stress Response and Affect Chemical Composition of Cocoa (Theobroma cacao L.)

Beans. J Agric Food Chem. 65(47):10165-10173.

Gupta RM, Musunuru K. (2014) Expanding the genetic editing tool kit: ZFNs, TALENs, and CRISPR-Cas9. J Clin Invest. 2014 Oct;124(10):4154-61.

Hsu PD, Lander ES, Zhang F. (2014) Development and applications of CRISPR-Cas9 for genome engineering. Cell. 2014 Jun 5;157(6):1262-78.

10장 커피 한잔 없이 어떻게 하루를 시작할까?

Acheson KJ, Zahorska-Markiewicz B, Pittet P, Anantharaman K, Jéquier E. (1980) Caffeine and coffee: their influence on metabolic rate and substrate utilization in normal weight and obese individuals. Am J Clin Nutr. 33(5):989-97.

Aime MC, Phillips-Mora W. (2005) The causal agents of witches' broom and frosty pod rot of cacao (chocolate, Theobroma cacao) form a new lineage of Marasmiaceae. Mycologia. 97(5):1012-22.

Loftfield E, Freedman ND. (2016) Higher coffee consumption is associated with lower risk of all-cause and cause-specific mortality in three large prospective cohorts. Evid Based Med. 21(3):108.

11장 물고기는 인간과 기후의 공격을 받고 있다

Hare JA, Morrison WE, Nelson MW, Stachura MM, Teeters EJ, Griffis RB, Alexander MA, Scott JD, Alade L, Bell RJ, Chute AS, Curti KL, Curtis TH, Kircheis D, Kocik JF, Lucey SM, McCandless CT, Milke LM, Richardson DE, Robillard E, Walsh HJ, McManus MC, Marancik KE, Griswold CA. (2016) A vulnerability assessment of fish and invertebrates to climate change on the northeast US continental shelf. PLoS One. 11(2):e0146756.

Innes JK, Calder PC. (2018) Omega-6 fatty acids and inflammation. Prostaglandins Leukot Essent Fatty Acids. 132:41-48.

Worm B, Barbier EB, Beaumont N, Duffy JE, Folke C, Halpern BS, Jackson JB, Lotze HK, Micheli F, Palumbi SR, Sala E, Selkoe KA, Stachowicz JJ, Watson R. (2006) Impacts of biodiversity loss on ocean ecosystem services. Science. 314(5800):787-90.

Petitgas P, Alheit J, Peck MA, Raab K, Irigoien X, Huret M, et al. 2012. Anchovy population expansion in the North Sea. Mar Ecol Prog Ser. 2012; 444: 1-13.

12장 꿀이 사라지면 곰돌이 푸는 무얼 먹을까?

Egan PA, Adler LS, Irwin RE, Farrell IW, Palmer-Young EC, Stevenson PC. (2018) Crop Domestication Alters Floral Reward Chemistry With Potential Consequences for Pollinator Health. Front Plant Sci. 9:1357.

Gezon ZJ, Inouye DW, Irwin RE. (2016) Phenological change in a spring ephemeral: implications for pollination and plant reproduction. Glob Chang Biol. 22(5):1779-93.

Kerr JT, Pindar A, Galpern P, Packer L, Potts SG, Roberts SM, Rasmont P, Schweiger O, Colla SR, Richardson LL, Wagner DL, Gall LF, Sikes DS, Pantoja A. (2015) CLIMATE CHANGE. Climate change impacts on bumblebees converge across continents. Science. 349(6244):177-80.

The Ladies of the Philoptochos Society (1984) Let's Cook Greek. Irene Emmanuel & Martha Konefal Eds. St. George's Greek Orthodox Church. Hartford, Ct.

Ogilvie JE, Griffin SR, Gezon ZJ, Inouye BD, Underwood N, Inouye DW, Irwin RE. (2017) Interannual bumble bee abundance is driven by indirect climate effects on floral resource phenology. Ecol Lett. 20(12):1507-1515.

Soroye P, Newbold T, Kerr J. (2020) Climate change contributes to widespread declines among bumble bees across continents. Science. 367(6478):685-688.

13장 땅콩 없는 삶, 땅콩버터 없는 세상!

Bagley, M. (2017) George Washington Carver: Biography, inventions & quotes. Livescience.com. December 07, 2013.

Demby, G (2014) George Washington Carver, the Black History Montheist of them all. NPR.org. February, 11, 2014.

Lovelock, J (2009) James Lovelock on biochar: Let the earth remove CO2 for us. Theguardian.com. March 24, 2009.

Milman, O (2018) Ex-NASA Scientist: 30 years on, world is failing "miserably" to address climate change. Theguardian. com. June 19, 2018.

Tan G, Wang H, Xu N, Junaid M, Liu H, Zhai L. (2019) Effects of biochar application with fertilizer on soil microbial biomass and greenhouse gas emissions in a peanut cropping system. Environ. Technol. 28:1-11.

14장 우리에게 위안을 주는 감자

Ames, Mercedes; Spooner, David (2008). "DNA from herbarium specimens settles a controversy about origins of the European potato". American Journal of Botany. 95(2):252-257.

Joel Moykr, Britannica, 2019.

Salaman, Redcliffe N; W. G Burton; J. G Hawkes (1985). The history and social influence of the potato. Cambridge; New York: Cambridge University Press.

Semla M, Goc Z, Martiniaková M, Omelka R, Formicki G. (2017) Acrylamide: a common food toxin related to physiological functions and health. Physiol Res. 2017 May 4;66(2):205-217.

15장 와인 한잔 없이 어떻게 하루를 마무리할까?

Bahare Salehi, Abhay Prakash Mishra, Manisha Nigam, Bilge Sener, Mehtap Kilic, Mehdi Sharifi-Rad, Patrick Valere Tsouh Fokou, Natália Martins, Javad Sharifi-Rad (2018) Resveratrol: A Double-Edged Sword in Health Benefits. Biomedicines. 6(3):91.

Hames, Gina (2010). Alcohol in World History. Routledge. p. 17.

Mozell, M, Thach L (2014) The impact of climate change on the global wine industry: Challenges and solutions. Wine Economics and Policy.

3(2):81-19.

Prehistoric China - The Wonders That Were Jiahu The World's Earliest Fermented Beverage. Professor Patrick McGovern the Scientific Director of the Biomolecular Archaeology Project for Cuisine, Fermented Beverages, and Health at the University of Pennsylvania Museum in Philadelphia. Retrieved on 3 January 2017.

16장 우리가 사랑하는 먹거리를 지키려면

Alimba CG, Faggio C. (2019) Microplastics in the marine environment: Current trends in environmental pollution and mechanisms of toxicological profile. Environ. Toxicol. Pharmacol. 68:61-74.

Al-Salem S. (2015) Carbon dioxide (CO2) emission sources in Kuwait from the downstream industry: critical analysis with a current and futuristic view. 81:575e87.

"Our planet is drowning in plastic pollution," United Nations Environment Programme, May 25, 2018.

Benoit RG, Gilbert SJ, Burgess PW. (2011) A neural mechanism mediating the impact of episodic prospection on farsighted decisions. J. Neurosci. 31(18):6771-9.

Bertossi E, Tesini C, Cappelli A, Ciaramelli E. (2016) Ventromedial prefrontal damage causes a pervasive impairment of episodic memory and future thinking. Neuropsychologia. 90:12-24.

Derraik JGB (2002) The pollution of the marine environment by plastic debris: a review. Marine Pollution Bull. 44(9):842-52.

Fischer J, Muller T, Spatz A-K, Greggers U, Grunewald B, Menzel R (2014) Neonicotinoids interfere with specific components of navigation in honeybees. Public Library of Science One. 9(3):e91364.

Friedli A, Williams GR, Bruckner S, Neumann P, Straub L. (2020) The weakest link: Haploid honey bees are more susceptible to neonicotinoid insecticides. Chemosphere. 242:125145.

Goldner WS, Sandler DP, Yu F, Shostrom V, Hoppin JA, Kamel F, LeVan TD. (2013) Hypothyroidism and pesticide use among male private pesticide applicators in the agricultural health study. J. Occup. Environ. Med. 55(10):1171-8.

Hornick, J, Wasserman W (2012) Top ten reasons to shop at a farmers market. USDA. July 2, 2012.

Krueger F, Meyer-Lindenberg A. (2019) Toward a Model of Interpersonal Trust Drawn from Neuroscience, Psychology, and Economics. Trends Neurosci. 42(2):92-101.

Motta EVS, Raymann K, Moran NA. (2018) Glyphosate perturbs the gut microbiota of honey bees. Proc. Natl. Acad. Sci. USA. 115(41):10305-10310.

Roser-Renouf, C., Atkinson, L., Maibach, E., & Leiserowitz, A (2016). The Consumer as Climate Activist. Internatl. J. Commun. 10:24.

Saunders SP, Ries L, Oberhauser KS, Thogmartin WE, Zipkin EF (2018) Local and cross-seasonal associations of climate and land use with abundance of monarch butterflies Danaus plexippus. Ecography 41:278-290.

Sharma S, Chatterjee S. (2017) Microplastic pollution, a threat to marine ecosystem and human health: a short review. Environ Sci Pollut Res Int. 24(27):21530-21547.

Tosi S, Burgio G, Nieh JC (2017) A common neonicotinoid pesticide, thiamethoxam, impairs honey bee flight ability. Sci. Rep. 7.

Wang XT, Dvorak RD (2010) Sweet future: fluctuating blood glucose levels affect future discounting. Psychol. Sci. 21(2):183-8.

Yaumi AL, Abu Bakar MZ, Hameed BH (2017) Recent advances in functionalized composite solid materials for carbon dioxide capture. Energy 124:461-480.

곤도 마리에, 《인생이 빛나는 정리의 마법》, 더난출판사, 2012.

Micronutrient Information Center, Linus Pauling Institute (lpi. oregonstate. edu).

Fardet A, Boirie Y (2014) Associations between food and beverage groups and major diet-related chronic diseases: an exhaustive review of pooled/meta-analyses and systematic reviews. Nutrition Rev. 72(12):741-762.

이 책은 저명한 과학자 두 분의 검토를 거쳤다.

토머스 러브조이Thomas Lovejoy는 '생물 다양성의 대부'다. 그는 세 차례에 걸친 미 정부(레이건, 부시, 클린턴)에서 과학 및 환경 자문위원으로 일했으며, 서식지와 농업을 보존하기 위해 남아메리카 등에서 50년 넘게 끊임없이 일하고 있다. 아마 (있다 해도) 현존하는 사람 중에 그만큼 인간의 행동 문제에서 지구를 구하기 위해 많은 일을 하는 사람은 없을 것이다. 톰과 같은 대학에서 일하는 나는 정말이지 운이 좋은 사람이다.

내가 보기에, 로버트 새폴스키Robert Sapolsky는 이 세상에서 가장 뛰어난 과학 이야기꾼이다. 그는 내가 스탠퍼드대학에서 박사후 과정을 하던 중 처음 만나게 된 멘토였다. 그는 특히 내가 더 건전하고 새로운 방식으로 삶을 바라볼 수 있도록 가르쳐주었다. 그는 지금도 여전히 내가 본받고 싶은 사람이다. 이 두 사람은 책의 주요한 형식과 각 장의 구성이 제대로 이뤄질 수 있도록 원고에 대한 지적 지원과 중요한 피드백을 아낌없이 주었다.

메이슨대학 식품영양학과 부교수인 마거릿 슬라빈Margaret Slavin 박사는 건강에 좋은 영양소와 피토케미컬 목록을 신중히 검토해주었다. 그녀는 내가 범한 오류를 조심스레 고치고 우리가 먹는 음식이 건강과 행복에 어떤 영향을 미치는지 현대의 과학적 이해를 바탕으로 전문가의 통찰력을 제공해주었다.

누 듀머스Nhu Dumas는 어린 두 딸을 먹이고, 씻기고, 가르치고, 또 함께 놀아주면서 내가 관련 자료를 읽고 조사하며 이 책을 쓸 수 있게 해주었다. 누는 놀라운 아내이자, 어머니이자, 요리사다.